KB176483

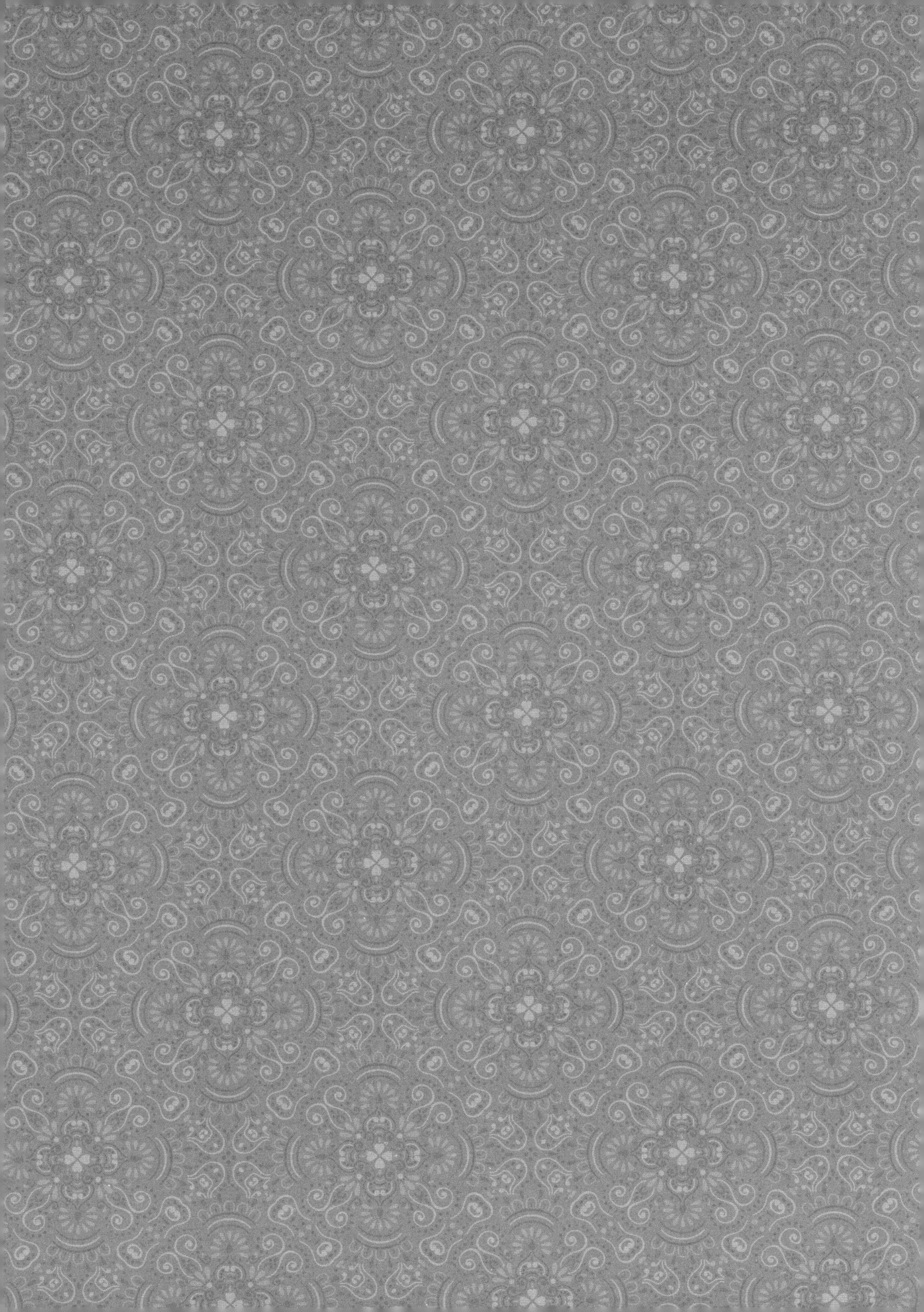

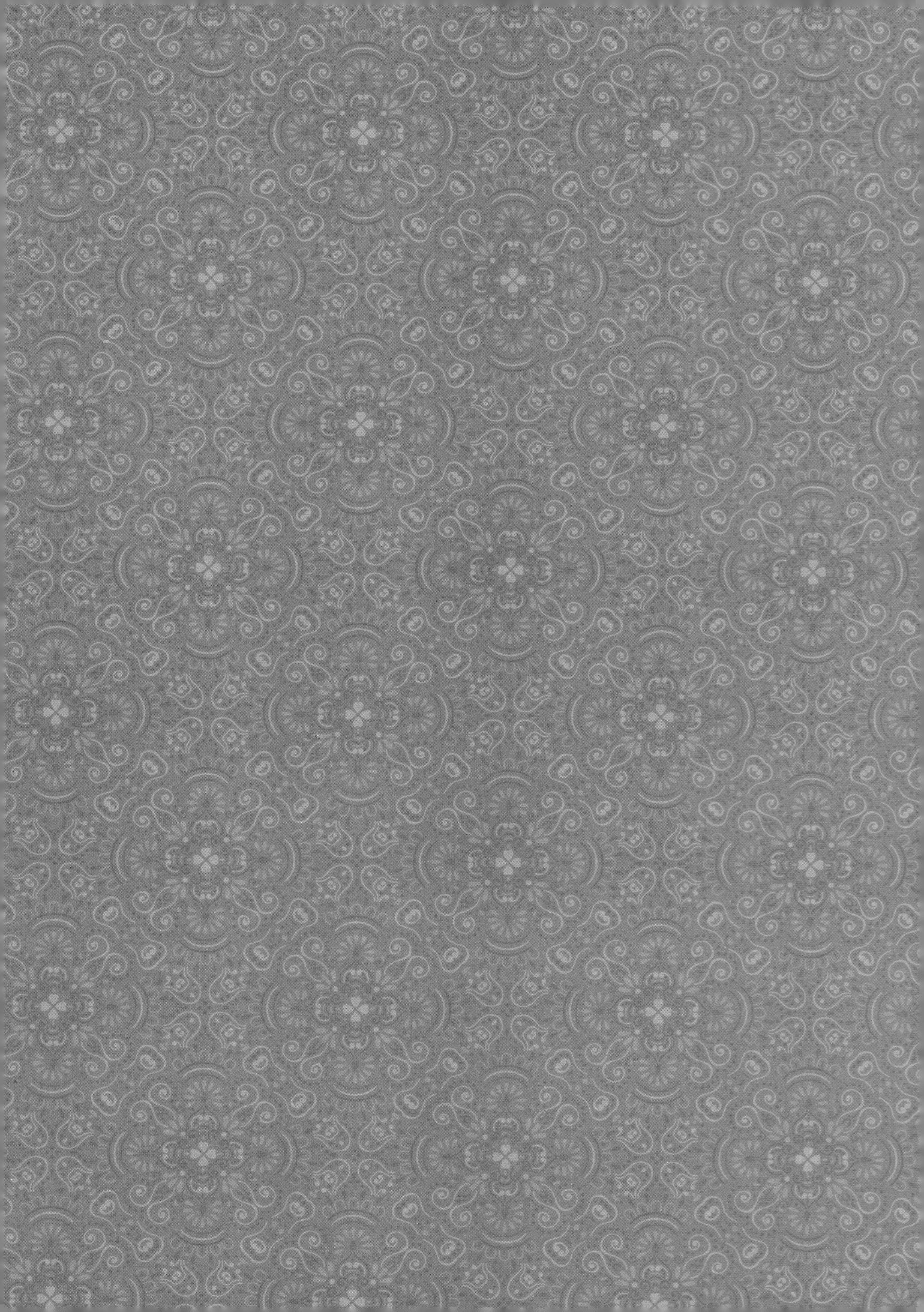

수학이 쉬워지는 인도베다수학

수학이 쉬워지는 인도베다수학

초판발행일 2022년 3월 25일

지은이 김경중
펴낸이 배수현
표지디자인 유재헌
내지디자인 박수정
제 작 송재호
홍 보 배예영
물 류 이슬기

펴낸곳 가나북스 www.gnbooks.co.kr
출판등록 제393-2009-000012호
전 화 031) 959-8833(代)
팩 스 031) 959-8834

ISBN 979-11-6446-049-6(03410)

수학이 쉬워지는 인도베다수학

김경중 지음

서문

'포스트 코로나 시대, 4차산업혁명이 가속화 될 것!'

세계경제포럼 클라우스 슈바프 회장이 말했다. 더불어 포스트코로나 시대의 대비로 교육의 중요성을 강조했다. 코로나 발병 이전부터 4차 산업혁명을 대비하려는 움직임의 중심에 교육이 있었고 각국에선 '수학'을 핵심 경쟁력으로 삼고 있었다. 포스트 코로나 시대에는 많은 문제점들이 생겨나고 있는데 아이를 키우는 입장에서 가장 큰 화두는 역시 '교육격차의 심각성'이다. 비대면 교육으로 인해 교육격차는 양극화 되고 있으며 많은 자녀들이 경쟁력을 잃어가고 있다. 이 책에서는 포스트 코로나 시대를 살아가는 우리 자녀들을 어떻게 키워야 할지 고민한 결과를 나누려고 한다. 그 답을 '베다수학'에서 찾으면서 창의적 사고가 커지고 생각하는 힘이 길러지는 경험을 하도록 돕는다.

테슬라 주가 폭등! 국내 전기차 시장의 판매량 1위! 전 세계적으로 테슬라 신드롬이 무섭다. 벤츠, 아우디 등 내로라 하는 자동차 회사들이 이제는 테슬라를 따라가는 모양새가 되었다. 과연 무엇이 이렇게 테슬라에 열광하도록 만들었을까? 단순한 차가 아닌 그 이상의 감성을 느끼고 맹목적인 사랑을 받는 팬덤을 형성한 비결이 뭘까? 그 배경엔 일론머스크가 있다. 애플의 스티브잡스가 혁신의 아이콘이었던 시대가 저물고 테슬라의 일론머스크가 혁신을 주도하는 시대가 되었다. 일론머스크는 테슬라 창업초기 인재를 채용을 할 때 모든 면접에 참여 할 정도로 열정적이었으며 어려웠던 경험과 어떻게 그 문제를 해결했는지 질문했다. 또한 머스크 자신이 그리는 미래를 향해 거침없이 달려가기 위해 중요하다고 생각하는 일을 함께 실행 할 인재를 찾는데 열중했다. 본인 스스로 문제를 접했을 때는 First Principle Thinking에 기반하여 창의적인 해결력을 보였다.

일론머스크가 미래 지향적인 기업을 이끌 때 세계적 IT기업 구글, IBM, 마이크로소프트, 어도비 등의 CEO자리를 인도인이 차지했다. 4차산업혁명 시대를 이끄는 리더의 자리에 인도인이 많은 이유는 무엇일까? 모든 것이 불확실하고 다변하는 시대에 결정적인 책임을 져야 하는 인도인들은 어떤 능력을 발휘하고 있는 것일까? 인도인들은 특유의 도전정신, 다양한 인종과 문화에서 오는 적응력, 극한경쟁에서 살아남는 기질을 갖고 있다. 또한 변화와 불확실성을 자연스럽게 인식하고 위기상황에서 다양한 해결방법을 모색한다. 이런 인도인의 성공요소들은 어떻게 길러지는 것일까?

그 해답이 수학에 있다. 테슬라가 원하는 문제해결력을 가진 인재는 제대로 된 수학 공부를 한다면 충분히 길러질 수 있다. 특히 구글 등 IT기업의 인도인 CEO가 가진 창의성과 도전정신의 배경에는 수학이 있다. 인도인들이 공부하는 수학은 특별하지만 특별하지 않다. 베다수학이라는 인도의 전통적 수학 측면에서 특별하고 누구나 쉽게 접할 수 있어서 특별하지 않다. 13억 인구 중 선택 받은 극소수의 천재들은 인도공과대학에서 떨어지면 차선책으로 MIT를 선택한다. 이 말이 전혀 과장되지 않게 들리는 이유도 베다수학을 기반으로한 인도인들의 수리력에 있다. 이 쯤에서 인도베다수학에 대해 알고 싶거나 배우고 싶은 생각이 들지 않는다면 이 책을 덮어도 좋다.

한국의 학생들은 언제 처음 수포자가 되려고 결심할까? 초등학교 3학년이다. 이 때 분수에 대해 배우면서 처음으로 수학의 흥미를 잃는다. 초등학교 2학년때 구구단을 강제로 암기하면서 수학을 암기과목으로 만드는 것도 원인이고 이해가 뒷받침 되지 않은채 3학년 분수단원을 맞이 하는 것도 문제다. 아직 배움의 길이 한참 남은 시점에 수포자가 된다니 놀라울 뿐이다. 한번 흥미를 잃기 시작하면 더욱 하기 싫어지는 과목이 수학이다. 수학은 단계별로 이해하고 넘어가야 그 다음 단계에서 수월해진다. 이런 연계성이 높은 과목을 주입식 교육으로 일방통행 시키면 당연히 자기 속도로 소화를 못 시키는 아이들은 체할 수 밖에 없는 것이다. 이렇게 사전 개념 이해가 중요하고 밑바탕이 중요하기 때문에 베다수학 학습이 필요해진다.

왜 베다수학을 꼭 배우는 것이 좋을까? 수학에서 가장 중요한 부분이 사칙연산이다. 초등학교에서 배우는 수학의 반 이상이 연산이고 이 연산을 잡지 못하면 수학을 잘할 수 없다. 특히 주어진 시간에 빠르고 정확하게 많은 문제를 풀어야하는 한국의 시험체계에선 사칙연산을 빠르고 정확하게 하는게 중요하다. 이런 점에 있어서 베다수학은 타의 추종을 불허한다. 2020년 세계암산대회에서 우승한 인도인은 8자리가 넘는 곱셈을 암산으로 해낸다. 이 때 사용한 방법이 곱셈을 덧셈으로 구조화 시켜서 푸는 방법인데 베다수학은 이렇게 사칙연산을 자유자재로 사용할 수 있게 만든다. 우리가 학교에서 배우는 사칙연산은 하나의 방법에 불과하다. 다양한 방법을 익히고 때마다 가장 효율적인 방법으로 문제를 푼다면 수학이 재미있어 질 수 밖에 없다. 당연하게 생각했던 풀이방법에서 벗어나 다른 방법으로 생각할 줄 알게 되는것 자체로도 베다수학이 주는 큰 성과다. 자연스럽게 창의적 사고가 키워지기 때문이다.

베다수학은 지극히 직관적이다. 이해하는 과정이 어렵지 않고 복잡한 풀이방법을 제시 하지 않는다. 그렇기 때문에 빠른 아이들은 5세부터 베다수학을 공부한다. 직관적이고 단순하기 때문에 베다수학을 공부하는 자체가 즐거움이다. 실제로 학생들이 학교에서 배운 방법과 다른 풀이방법을 하나하나 터득할 때마다 얼른 시험보고 싶다거나 다른 걸 더 배우고 싶어하는 모습을 많이 봐 왔다. 또 베다수학은 두뇌개발에 도움을 준다. 본문에서 더 살펴보겠지만 좌뇌, 우뇌의 양쪽 뇌를 고르게 발달 시켜주는데 도움이 된다.

기본적인 곱셈을 풀어보자. 686×614의 답은? 불필요하게도 남녀노소 불문하고 일단 다시 세로로 숫자를 쓴다. 그 다음 일의자리부터 곱하기 시작해서 30초는 지나야 슬슬 답을 찾기 시작한다. 이 과정에서 틀리면 처음부터 풀어야 하고 1분이 훌쩍 지나간다. 이 단순한 곱셈이 한 문제 차이로 합격이 결정되는 고시나 인적성문제에 필요한 과정이라면 얼마나 흐르는 시간이 야속할까. 물론 베다수학법으론 10초면 충분하고 정확하게 답을 찾는다. 베다수학을 들어봤거나 어느 정도 안다는 사람들도 이렇게 빨리 계산하는법을 가르쳐주는 정도로만 알고 있다. Back to the basic, Simple is the best. 어떤 어려움에 봉착하거나 복잡한 상황을 타개하고 싶을 때 떠올리는 말들이다. 베다수학은 사람들이 알고있듯 단순하고 쉽다. 미국 아이들이 '빠른수학'으로 베다수학을 배운다. 어느 분야에서든 성공하려면 기초가 튼튼해야 한다고 알고 있듯이 베다수학이 수학의 기초가 되고 세계적 기업들이 원하는 경쟁력있는 인재들의 기초가 된다. 이런 튼튼한 기초에서 복잡하고 다양한 사고들이 파생되어진다. 미국을 비롯한 선진국에서 베다수학의 인기가 많은 이유가 분명하다.

베다수학을 공부할 때는 그 응용력에 감탄하게 된다. 아이들은 수학공부를 하는게 재밌어지고 문제를 이해하고 답을 찾는 과정에 긍정적인 경쟁심도 생긴다. 친구든 엄마든 자기가 아는걸 설명해주고 싶고 다른 공부를 할 때도 자신감을 갖게 된다. 베다수학을 기반으로 복합적인 사고력이 생긴것이다. 이렇게 수학이 무기가 되면 4차산업혁명이니 인공지능이니 하는것들이 두렵지 않다. 불확실성에 맞서고 새로움을 즐기는 도전정신이 생긴다. 사랑하는 나의 자녀가 테슬라의 일론머스크 처럼 되길 바라는가 급변하는 시대에 꼭두각시처럼 허우적대기를 바라는가.

이 책을 펼치는 순간 여러분은 행운을 잡은 거나 다름없다.

“넌 문제 안 풀고 뭐하니?”

“다 풀고 검산도 다 했어요.”

당신의 자녀가 이렇게 말하며 웃는 날이 머지않았다. 부모가 움직여야 한다. 이제 자녀들에게 기회를 주자.

목차

1부

CONTENTS

목차

2부

CONTENTS

1 테슬라는 무엇이 달라 사람들이 열광하나

2 First Principle thinking은 베다수학으로 기른다

3 생각하는 힘이 빠진 한국의 수학교육

1부

1 테슬라는 무엇이 달라 사람들이 열광하나

1

테슬라의 힘-First Principle thinking(FPT)은 베다수학으로 길러진다

아이언맨에 등장하는 토니스타크의 캐릭터를 만드는데 참조한 인물이 바로 일론 머스크다. 토니스타크의 명석한 두뇌, 혁신, 성공한 사업가의 이미지가 딱 일론머스크와 닮았다. 요즘 왠만한 사람은 테슬라가 전기차 시장을 주도하고 있고 스페이스엑스가 우주여행의 꿈을 실현시켜 줄 것이라고 알고 있다. 애플의 스티브잡스가 혁신의 아이콘였던 시대가 가고 테슬라, 스페이스엑스의 CEO 일론머스크의 시대가 온 것이다.

머스크는 25년전 세상을 바꿀 다섯가지를 생각했다. 그 꿈도 커서 우주, 청정에너지, 인터넷 등에 관심을 가졌다. 그럼에도 단순한 몽상가가 아닌 혁신가로 불리는 이유는 현재 그 꿈을 실현시킬 회사들을 운영하고 있기 때문이다. 그가 생각한 다섯가지를 살펴보자.

❶ 인터넷

대학시절 첫 회사로 zip2(인터넷 지도 소프트웨어 회사)를 창업했다. 몇 년후 컴팩컴퓨터에 3억700만달러에 매각 하면서 다음 회사를 창업할 기회를 얻었다. 머스크는 zip2 매각과정에서 합병 취소 등 우여곡절을 겼었다. 그런 사태 속에서 경영인으로서의 자질을 되새겨 보며 발전할 수 있는 경험을 얻었다. zip2가 매각 되기도 전부터 새로운 사업계획을 추진했었는데 바로 인터넷 은행이다. 이때도 사람들은 미쳤다고 생각했지만 과감히 투자를 결정했다. 엑스닷컴이란 이 회사는 훗날 미국 최대 온라인결제 서비스 회사인 '페이팔'의 근본이 되었다.

❷ 우주

사람들은 비웃었지만 머스크는 다른 행성을 오가는 여행에 대해 진지하게 생각했다. 그는 행동으로 옮겨 비영리 단체인 우주광들의 모임에 과감히 기부를 하고 우주산업 분야의 인맥을 구축했다. 러시아산 미사일을 싸게 구매후 개조해서 우주로 발사하기 위한 생각을 갖고 직접 러시아까지 날아갔지만 거래에 실패했다. 이를 계기로 로켓을 직접 만들기로 한 머스크는 물리학과 항공 산업 관련 공부를 했다. 그동안 만났던 엔지니어들과 2002년 '스페이스엑스'라는 우주개발을 위한 회사를 설립했다. 지금도 마찬가지지만 당시만 해도 우주개발 분야에 민간기업이 투자를 한다는건 상상조차 하기 힘들었다. 로켓 발사에 여러번 실패하면서 인터넷 사업으로 벌어들인 재산이 거의 사라져갈 정도로 위기에 봉착했지만 머스크 자신은 직원들에게 내색하지 않았다. 오히려 우주시대를 향한 비전을 제시하며 마침내 2008년 9월 민간기업으로서 최초의 로켓발사에 성공했다. 이렇게 스페이스엑스는 화성에 인간이 거주할 수 있는 꿈을 향해 달려가고 있다.

❸ 청정에너지

머스크는 청정에너지 분야의 꿈을 테슬라모터스로 실현시키고 있다. 테슬라는 주가 폭등이 반증하듯 자동차시장에서 가장 주목받는 회사로 자리 잡고 있다. '미래', '혁신', '꿈', '도전' 등의 단어를 생각하면 머스크가 제일 먼저 떠올려지는 이유가 뭘까? 머스크는 "무언가 충분히 중요하면 그 가능성이 마음에 들지 않더라도 실행하라"고 말한다. 성공의 불확실성을 생각하며 포기하기 보다는 본인이 생각하는 가치에 중점을 두고 일단 실행해보라는 말이다. 그는 이런 정신으로 남들은 사업성이 떨어진다고 했던 청정에너지의 꿈을 이뤄내고 있다.

❹ 유전자 조작

사업을 영위하고 있는 분야는 아니지만 인간이 질병을 극복하기 위해 유전자 조작을 본격화 할것이라고 말했다.

❺ 인공지능

뉴럴링크라는 회사를 설립후 인간의 뇌를 AI와 연결하는 연구를 하고 있다. 인공지능의 가능성 보다는 위험성에 초점을 두고 두려움을 극복하기 위한 행보를 하고 있다.

어떻게 일론머스크는 많은 사람들이 불가능하다고 생각하는 일들을 해내는 걸까? 소설 속의 이야기라고만 상상하는 일들을 실현하게 되는 비결이 어디에 있을까?그 비결은 'First Principle thinking(이하 'FPT')' 에 있다. 'FPT'를 간단히 말하면 더이상 파고들 수 없을 정도의 개념까지 분해한 뒤 생각하는 것을 말한다.

단순히 '테슬라모터스'란 회사를 떠올려보자. 자연스럽게 '혁신' '창의성'이란 단어가 뒤 따라온다. 혁신이란 단어를 과감히 쓸 수 있는 이유는 새로움 너머 가치를 창조하고 있기 때문이다. 창의성을 기존의 방식에서 벗어나 새로운 아이디어를 창출하는 능력이라고 정의한다면 창의성을 떠올리는 것도 당연한 연상이다. 이렇게 일론 머스크가 추진하는 사업들이 혁신과 창의성을 기반으로 나아갈 수 있는 이유는 남들과 다른 문제 해결방식을 갖고 있기 때문이다. 앞서 말했던 'FPT'다.

한 인터뷰에서 머스크의 혁신적인 창의성과 성공에 대해 물었을 때 First Principle thinking에 대해 얘기했다.[A] 대게 사람들은 어떤 문제의 상황에서 다른 대다수의 사람들은 어떻게 해결했는지 찾고 그 중에 믿을 만한걸 선택한다. 이 선택이 나쁜 결정일 경우가 있는데 다른 사람들의 상황이 항상 나에게 적용되는게 아니기 때문이다. First Principle thinking은 기본적으로 주어진 문제에 대해 기존에 알고

A Use Elon Musk's 12 Principles to Knock Out Your Biggest Creative Projects.hanbook. nic kocher. 2019.10.14

있던 지식과 해결 방안을 도입하는게 아니다. 머스크는 새로 태어난 아이처럼 모든 가정에 대해 적극적으로 질문하고 처음부터 새로운 지식과 솔루션을 만들어야 한다고 했다. First Principle thinking을 통해 다른 누구도 생각할 수 없는 방식으로 문제를 해결하고 창의적인 세계관을 개발하는데 도움이 된다.

일론머스크가 제시하는 문제해결 3단계 과정을 살펴보자.[B]

1단계: 현재의 가정을 식별 하고 정의한다.

1단계에서는 현재의 상황을 단순하게 적어보는 것으로 시작한다. 문제점이나 도전하게 될 과제에 대해 가벼운 마음으로 적어본다.

예를 들어,

"사업을 성장시키는데 비용이 많이 든다."

"일하느라 바빠서 다이어트 할 시간이 없다."

"자녀의 창의성을 길러주고 싶은데 방법을 모르겠다" 등의 일상 생활에서 찾을 수 있는 현실적인 문제들이 있다.

2단계: 그 문제를 근본적인 원리로 세분화한다.

문제에 대해 단계별로 세분화 시킨다. 사업을 성장시키는데 비용이 많이 든다는 문제를 예를 들어보자.

B Elon Musk's "3-step" First Principles Thinking: How to Think and Solve Difficult Problems Like a Genius.by Mayo Oshin

1. 우리 회사의 비용은 크게 마케팅, 물류비, 인건비로 나눌 수 있다.
2. 마케팅 비용은 sns광고비, 오프라인 광고비, ppl 등이 있다.
   물류비는 해외에서 공급받는 품목과 국내에서 공급받는 품목으로 나눈다.
   인건비는 3년이상 경력직, 신규직원으로 나누거나 직군에 따라 분리한다.
3. ppl은 tv, 라디오, 인터넷방송 등으로 나눈다.
   해외에서 공급받는 품목은 아시아, 유럽 등으로 나눈다.

이런식으로 각각 더 세분화 시킬 수 있을때까지 나아가는 것이 중요하다.

3단계: 처음부터 새로운 해결책을 만든다

주어진 문제나 가정을 가장 기본적인 단계까지 세분화 시키면 처음부터 새롭고 통찰력있는 해결책을 찾을 수 있게 된다.

테슬라의 상황에 적용시켜보자. 사람들이 전기차 배터리가 비싸고 사업성이 없다고 생각할 때 머스크는 'FPT'에 기반한 문제해결과정을 통해 배터리를 경쟁력있게 사업화하는 방법을 찾게 되었다.

1단계: 배터리를 만드는 재료의 구성요소는 무엇이고 시장에서의 가격은 얼마인가?

2단계: 물질적으로 탄소강, 니켈, 알루미늄, 폴리머, 철강으로 나눴을 때 런던 금속 거래소에서 각각 사게 된다면 얼마에 살수 있을까?

3단계: 이렇게 재료를 구매하고 영리하게 결합하면 역사적으로 킬로와트 시간당 600달러의 비용이 들었던 걸 80달러로 낮출수 있다.

아인슈타인이 '모든 것을 단순화 할 수 없을 때까지 단순하게 하라'고 말했다. 일론머스크도 지나치게 복잡한 생각을 단순화, 세분화 시키면서 창의성이 극대화 되고 통찰력을 갖게 되었다. 이런 사고는 아인슈타인같은 과학자에서도 볼 수 있지만 수학자에서도 볼 수 있다. 수학자가 받을 수 있는 가장 영예로운 상으로 알려진 필즈메달을 수상한 서스턴 역시 'FPT'에서 귀중한 통찰력을 얻었다고 했다. 서스턴은 어려운 문제를 해결하기 위한 자신의 접근법이 동료들과 다르다고 말한다. 수학을 공부하면서 자연스럽게 제일 근간이 되는 기초 개념을 생각하고 떠올리는 연습이 되는데 서스턴은 이런 습관으로 수학 연구에 임했다. 기초 개념부터 다양한 응용력이 생기게 되는 자유롭고 자연스러운 사고의 확장은 'FPT'가 주는 힘이고 수학을 통해 길러지는 힘이다. 뒤에서 자세하게 살펴보겠지만 특히 베다수학을 공부하면서 'FPT'를 쉽게 기를 수 있다. 수학에서 가장 중요하고 기초가 되는 '사칙연산'을 훨씬 쉽고 빠르게 할 수 있는 방법을 배울 수 있기 때문이다. 베다수학과 관련해서는 차차 알아보기로 하자.

2

일론머스크의 면접 질문

전 세계의 주목을 받는 일론 머스크는 회사의 인재를 영입하는데 굉장히 열정적이다. 초창기 모든 면접에서 인터뷰를 직접해가며 인재들을 만났다. 대다수가 NO라고 말하는 회사를 이끌어 가기위해 직접 회사의 비전을 설명하고 인재상에 부합하는 인물을 찾았다.

"언제 실패했으며 그 일을 통해 무엇을 배웠나요?"

"문제에 대한 정보가 소수이거나 전혀 없이 문제해결을 해야했던 시기에 대해서 말해주세요."

"어떤 종류의 도전에 직면했으며 어떻게 극복했습니까?"[C]

"당신의 삶에 대해 이야기 해보세요. 살면서 어떤 결정을 했는지, 또 왜 그런 결정을 했는지를 말해주세요. 당신이 맞닥뜨렸던 가장 어려웠던 문제는 무엇이고, 그것을 어떻게 해결했나요?"

테슬라의 최고경영자 일론 머스크가 생각하는 가장 중요한 면접 질문들이다. 실제로 문제를 해결한 사람은 정확히 어떻게 해결했는지에 대해 상세하게 알고 있다며 그런 척 하는 사람은 한 단계 더 나아 가는 질문을 했을 때 말문이 막힌다고 했다.[D]

이런 면접 질문을 통해 머스크는 무엇을 알고 싶어 했을까? 테슬라

C 21 Interview Questions You Need to Nail to Work for Elon Musk.vault. Derek Loosvelt. November 06, 2019

D 일론 머스크 테슬라 CEO가 면접에서 꼭 물어보는 질문은? 중앙일보 임채연기자 2017.02.14

의 인재상과 머스크의 삶(말)을 비교해보면 어떤 인재를 원하는지 알 수 있다.

#테슬라 모터스의 인재상

❶ Move fast

시장의 트렌드와 변화에 빠르게 대응할 수 있는 능력이
경쟁우위를 가져온다.

페이팔은 실리콘밸리의 역사에서 사업적 재능과 공학적 재능을 가장 훌륭하고 광범위하게 결합한 사례로 꼽는다. 다른 사람들이 인터넷의 영향력을 제대로 파악하지도 못하고 있을 때 이미 목표를 세우고 시장을 공략했다. 머스크의 계획은 '모두를 지배하는 온라인 뱅킹 서비스' 였다. 머스크는 똑똑한 엔지니어를 보는 안목이 있었고 그들과 함께 금융시스템을 온라인에 도입한 선두 기업을 만들수 있었다. 지금은 비슷한 회사들이 많이 생겨났지만 그 당시만해도 다른 사람들은 그의 생각을 따라갈 수 없었다.

❷ Do the Impossible

기존의 생산성과 창의성의 한계를 뛰어 넘어라.

시행착오가 성공으로 가는 과정이라고 생각한다. 실패 하지 않으려고 노력하지 않고 실패를 통해 웅장한 비전으로 나아가야 한다. 가장 좋은 부분은 부분이 없는 것이고 가장 좋은 과정은 과정이 없는 것이다. 불필요한 부분이 있으면 과감히 없애고 단순화 시키는 것이 더 나을 수 있다. 모든 팀원들에게 다른 사람들이 어떤 사안에 대해 한계를 부과하면 의문을 제기하도록 지시한다.

❸ Constantly Innovate

테슬라는 경쟁우위를 유지하기 위해 지속적으로 혁신해야한다.

테슬라 차량을 구입한 사람들은 자고 일어나면 자신들의 차량에 새로운 기능이 생긴걸 발견하곤 한다. 서비스센터에 차량을 맡겼다가 받았을 때 새로운 버전의 부품으로 교체되어 있는것도 확인할 수 있다. 한번 구매한 차량이 계속 좋아지는 것이다. 예전에는 자동차를 사면 그 시점에만 최신였는데 테슬라는 지속적인 혁신을 통해 경쟁우위를 차지하고 있다.

❹ Reason from “First Principles”

First Principles thinking으로 문제의 이유를 찾아라.

사업을 하다 보면 원래의 의도를 잃어버리기 쉬운데 이 때 머스크는 핵심을 파고 들어서 처음부터 다시 시작하곤 한다. 소비자에게 전달하려고 하는 핵심적인 메시지가 무엇인지 생각해야하고 보다 간단하고 좋은 방식으로 바뀔 수 있을지 고민한다. 세상은 늘 변하고 있기 때문에 First Principles thinking으로 대안을 찾고 문제를 해결한다.

❺ Think Like Owners

책임감을 갖고 사장처럼 행동하라.

생산성 향상을 위해 불필요한 위계질서를 없애고 회의를 없앴다. 직원 스스로 더 나은 미래를 만든다는 사명감을 갖고 일에 매진하는 분위기를 만들었다. 테슬라가 지속적인 적자 속에서도 지금의 위치까지 온 것은 열정적인 직원들이 있었기 때문이다.

❻ We are ALL IN

팀워크는 시너지 효과를 창출하고 이익 극대화에 효과적인 기업문화를 만든다.

모든 직원들에게 더 나은 인류에 대한 열망을 전파한다. 그들이 하는 모든 일이 가져 올 긍정적인 변화에 대해 공유하고 높은 목표를 향해 달려간다.

테슬라의 인재상을 살펴보면 앞서 가기 위한 노력을 부단히 하고 있다는 생각이 든다. 남보다 재빨리 움직이고 그것도 모자라 지속적인 혁신을 추구하며 불가능한 일을 하려고 한다. 기본적으로 인간은 불가능하다고 생각하는 일을 피하고 싶어하는데, 피하고 싶은 일을 하려면 그만한 고통이 올 것을 알면서도 실행해야 하기 때문이다. 가능한 일이라고 확신하는 것도 힘든데 부정적인 생각들을 이겨내며 움직인다는 게 보통 일이 아니다.

또한 혁신하기 위해서 끊임없이 기존의 것을 넘어서려고 한다. 직원들 스스로 책임감을 갖고 행동하길 바라며 살아 온 경험들을 밑바탕으로 하여 새로운 문제를 해결할 수 있어야 한다. 팀원들과 화합하고 비젼을 공유하며 회사의 이익을 위해 매진하는 마음가짐도 요구된다. 이렇게 일론머스크는 이런 다양한 능력들을 갖춘 인재를 찾기위해 질문을 한다. "살아오면서 겪었던 어려운 문제는 무엇이었으며 어떻게 극복했나요?"

테슬라는 초창기 오랜 적자에 시달렸지만 뛰어난 인재들을 통해 지금의 위치에 서게 되었다. 2014년 테슬라가 보유한 특허를 무료로 공개하기까지 했는데 이같은 모습은 자신감이 엿보이는 사건으로 남았다. 당시에도 경쟁업체보다 기술적으로 우위에 있었겠지만 공개된 이후에도 계속 경쟁우위에 있을 것이란 판단이 서지 않았을까 싶다. 또한 이런 공개의 이유엔 일론머스크가 꿈꿨던 다섯가지 중 청정에너지 분야를 더 발전시키기 위한 공익성도 있었을 것이다.

3 급변하는 시대, 수학을 잘한다는 의미는?

앞서 잠깐 소개한 First Principle thinking을 생각해보자. 일론머스크가 테슬라를 이끌어가는 힘이 되고 인재를 채용할 때 질문을 통해 엿보고자 했던 사고가 바로 First Principle thinking 이다. 이렇게 사고하는 능력은 어떻게 얻을 수 있을까? 3단계 과정을 알려주며 이렇게 하는거야 하고 알려주면 키워지는 것일까? 'FPT'에 기반하여 수학을 연구한 필즈메달 수상자에게서 그 답을 찾을 수 있다. 수학은 문제를 해결할 때 기본 개념을 통해 추론하고 응용하는 체계를 배우는 학문이다. 어떤 문제를 접했을 때 풀기 위한 정의를 찾고 그 개념에 충실한 풀이 과정을 생각해내야 한다. 이는 문제 푸는 방법을 외우려는 암기력과는 다른 얘기다. 수학자가 어려운 문제를 증명해내는데 가장 중요한것이 기본 개념을 통해 확장성을 발휘하는 능력인데 이런 능력이 'FPT'를 기를 수 있게 돕는다. 수학 공부를 제대로 하면 'FPT'는 꾸준하게 길러질 수 있다.

수학과를 진학하면서 많이 들었던 말이 있다.

"수학 잘 해서 좋겠다~"

수학을 잘 해서 좋겠다는 이 말에 부러움이 섞여 있었다. 정작 수학을 전공하는 나는 뭐가 좋은지 깊게 생각해 본 적이 없었다. 그때도 미국이나 일본 등 선진국에서는 수학을 전공하는 것에 큰 메리트가 있었다. 대학 진학할 때 과감히 수학과를 선택한건 선진국에서 수학 전공자의 위상을 알았던 까닭도 한 몫 했다. 한국에서는 수학을 잘 한다고 하면 단지 수학시험 점수가 좋은것으로만 받아들이는 것과는 다른 모습이다. 그렇게 때문에 기업이나 사회에서 수학전공자의 가치를 선진국보다 높게 쳐주지 않는다. 하지만 선진국에서는 수학을 잘 한다는 걸 수학 점수로 받아들이지 않는다. 그들의 문제해결력을 높이 사고 창의성으로 이어지는 First Principle thinking 능력을 높이 산다. 미국에서는 고연봉자 TOP 10 에 수학전공자가 꼭 들어가 있다. 미국의 취업정보사이트에서 2백개의 직업 중 가장 뜨는 직업으로 수학자를 뽑았다. 심지어 10위권에 드는 직업들 중 통계학자, 보험계리사, 컴퓨터 시스템 분석가, 소프트웨어 엔지니어 등 절반이상 수학과 관련되어 있었다.[E] 2019년, 세계 스마트폰 시장 점유율 1위인 중국의 화웨이에서 세계 최고의 인재 8명을 영입했다. 이 중 2명이 수학자 일 만큼 미래 산업의 중심엔 여전히 수학자의 능력이 요구 된다. 예일대와 옥스퍼드대에서 공동발표한 논문에는 이같은 내용이 있다.[F]

"앞으로 45년 안에 AI가 모든 측면에서 인류를 능가할 확률이 50% 이상이다. 하지만 AI가 복잡한 수학 이론을 증명하는 데에는 약 43년이 걸린다. 그만큼 '수학자'는 가장 오랜 기간 살아남는 직업이 될 것이다."

E 뜨고 있는 수학의 힘. 미국 올해 최고의 직업'수학자' mbc뉴스출처 2014.08.12

F 화웨이 회장이 억대 연봉 약속한 천재소년 8명의 스펙은? 중앙일보 이주리 에디터 2019.09.06

언뜻 생각하기에 수학이랑 무슨 관련이 있나 싶을 곳에 수학자들이 역량을 펼치고 있다. 이것은 무엇을 의미할까? 다양한 분야의 중요한 일을 맡아서 하는 수학자가 많다는 의미다. 한국에서는 순수학문을 어디에 써먹냐고 폄하되는 동안 세계 각국에선 수학자들의 무한한 응용력을 높이 사고 있다. 월스트리트의 잘 나가는 투자회사, 세계적 IT기업, 컴퓨터 그래픽스 전문가, 회계법인, 통계법인 등 많은 곳에 수학자가 있다.

#수학을 잘하면 유리한 직업 리스트

순수수학	박사, 교수, 교사, 연구원 등
사회계열	통계학자, 회계사, 자산운용사, 금융분석사, 보험계리사, 펀드매니저, 세무사, 외환딜러, 파생상품개발, 계량분석사,기업경제연구원 등
IT공학계열	컴퓨터 프로그래머, 인공지능개발원, 그래픽 전문가, 기계공학기술자, 건축설계자, 자동차 공학기술자, 보안관리자, 암호해독가, 빅데이터전문가, 영상처리전문가, 데이터 사이언티스트 등
자연과학계열	생명공학, 인공위성개발원, 천문학자, 기상학자, 방사선 연구가, 수리물리학자, 에너지개발연구원 등

수학을 잘하는 사람이 다양한 분야에서 인기가 많은 이유를 수리력의 측면에서 살펴 보자. 이들은 남다른 수리력(numeracy)을 보인다. 수리력은 다양한 문제를 해결하기 위해 수학적 지식, 개념들을 적용시키는 능력을 말한다. 좀 더 나아가보면 수리력은 지식, 기능, 태도면으로

살펴볼 수 있다.[G]

지 식	수학의 내용으로 수와 공간에 대한 정보
기 능	수학에서 활용할 수 있는 계산, 표현, 분석, 결론 도출, 의사소통 등의 사고와 추론
태 도	수학을 통해 키울 수 있는 자신감, 흥미, 동기, 의지, 합리적 의사결정, 비판적 사고 등의 요소

수리력이 높은 사람은 직업에 상관 없이 인정 받을 확률이 높다. 그 이유는 업무 수행에 있어서 논리적인 사고력과 문제해결 능력을 발휘할 수 있기 때문이다. 선진국에서는 국가 경쟁력 차원에서도 수학의 위상을 높이 산다. 특히 최근에는 교육정책을 수정 보완하면서 수학 능력을 키우려고 노력한다. 한국에서 수리력은 주로 지식적인 측면에서 강화된다. 이런 까닭에 수학이 재미없어 진다. 혹자는 일상생활에서 수학이 필요없다며 산수만 할 줄 알면 사는데 문제 없다고 한다. 수학을 지식적인 면에서만 바라보기 때문에 그렇다. 공식을 암기하고 그 공식을 적용할 수 있는 문제가 나오면 맞고 조금만 응용해도 틀리는건 다반사다. 얼핏 수학을 잘하는 것처럼 보이는 학생이 있는데 일상 생활에서 문제 해결력이 떨어진다거나 창의력이 부족하다면 수리력은 낮다고 볼 수 있다. 이런 학생들은 공식을 외우고 적용할 수 있는 문제를 많이 접해서 답을 찾는 연습만 잘 된 경우다.

G 국가 교육과정에서 기초 학력으로서의 수리력 도입 방안. 한국수학교육학회 김선희 이승미 2020

수리력의 다른 측면을 보자. 기능적인 면에서 사고와 추론하는 능력이 키워 진다면 어떤 문제에 대해 해결하고 결론을 내는 과정까지 부드럽게 이어진다. 수학은 단순히 계산 하는 것만 배우는 것이 아니다. 문제의 결론을 도출하기까지 논리적으로 사고하고 여러 방법들을 생각해 내는 과정 속에서 수학 공부의 진면목이 드러난다. 하나의 논리적 체계로 답을 찾는 것도 즐겁지만 여러 방법들을 시도해보면서 더 수학에 대한 흥미를 느낀다. 이런 과정에서 자연스럽게 수리력이 길러진다.

수리력의 태도면을 보자. 머리를 갸우뚱 거릴 수 있지만 수학을 잘하면 일상 생활에서 자신감 넘치는 모습으로 나타난다. 자신감 있고 진취적인 태도로 삶을 대하는 방식이 성공에 더 가깝게 한다. 수학이 어떻게 이런 삶의 태도를 변화 시킬까? 수학을 공부하는 시간 동안 도전하고 해결했던 경험이 분야만 다를 뿐 태도는 유지 시키기 때문이다. 수학은 재미 없는 학문이 아니다. 잘못된 교육 방식으로 인해 많은 자녀들이 수학에 흥미를 못 느끼고 기계식 풀이에 전념하는게 안타까울 뿐이다. 조금만 신경을 쓰면 우리 자녀들은 수학을 통해 세상을 배우고 헤쳐나갈 능력을 키울 수 있다. 어떤 문제를 해결했을 때 그 다음 단계에 도전하고 성취감을 느끼고 싶어하는 건 자연스런 인간의 본능이기 때문이다. 수학은 충분히 이런 본능을 자극 시키고 성장 시킬 수 있는 도구임에 분명하다.

흥미로운 연구 결과를 더 살펴보자. 영국 에딘버러대 심리학과 스튜어트 리체 교수는 어릴 때 수학과 읽기 실력이 미래의 연봉이나 직업에 영향을 준다는 연구 결과를 발표했다.[H] 무려 17000명을 대상으로 조사했다. 가정환경이나 지적 능력보다 수학과 읽기 실력이 인생 전반에 주는 영향력이 더 큰 것으로 나왔다고 했다.

수학을 잘하면 금연할 확률도 높다고 하는 의외의 연구 결과도 있다.[I] 보건소에서 금연패치 뿐 아니라 수학책도 하나씩 쥐어 보내줘야 하나?란 우스개 소리가 나온다. 이쯤 되면 수학을 잘한다는건 다 잘한다는 의미로 받아들여도 될 것 같다. 수학을 잘하면 수리력이 높아질 확률이 높고 수리력은 문제해결, 활용, 표현력, 자신감, 융통성, 진취성등을 자라게 한다.

혹시,

- 자녀가 좀 더 발전적인 삶의 태도를 보이며 자라게 하고 싶다.

- 대다수의 부모님처럼 주어진 환경이 전부라 생각하며 살게 하고 싶지 않다.

- 새로운 문제점이 발견 되었을 때 적극적으로 해결하려는 태도를 갖게 하고 싶다.

- 매사에 자신감 넘치는 아이로 키우고 싶다.

- 선택의 순간에 망설이기 보다는 논리적 판단을 근거로 최선의 선택을 하게 하고 싶다.

이런 생각들을 하고 있다면 제대로 된 수학 공부를 하게 해주어야 한다. 생각을 가두는 수학이 아닌 진짜 수학을.

H 일곱살 때 수학 실력이 미래 연봉 결정한다?!동아사이언스.김선희기자.2013.07.23

I Numeracy and memory for risk probabilities and risk outcomes depicted on cigarette warning labels.APA PsycArticles.2020

4 스스로 프로젝트를 완수 못하는 직원

"확실히 미국에서 유학하고 온 직원하고 한국에서 교육받은 직원하고 다르긴 달라."

"뭐가 다른데?"

"우리 회사에 미국에서 대학나온 직원들이 많잖아. 한국사람들도 있고. 상사가 프로젝트를 주면 한국에서 교육 받은 직원들은 스스로 완수를 잘 못하는 거 같아. 일반화 시키는건 아닌데 대게 스텝바이스텝으로 하나씩 알려줘야 하는 경우가 많아서 상사들이 좀 힘들어 해."

우리 부부의 대화다. 외국계 회사에 다니는 와이프는 종종 이런 얘기를 하곤 한다. 한국 직원들은 회사내에서도 거시적으로 생각하는 것을 힘들어한다. 회사가 가고자 하는 큰 방향을 생각하고 움직여야 하는데 당장 눈 앞의 업무에 일희일비하며 움직인다. 스스로 구조화하고 여러 단계를 거쳐야 하는 업무면 어디서 어떻게 시작해야하는지 분간을 못한다. 대부분 초등학교 부터 대학교까지 16년 이상을 교육 받으면서 일방적으로 듣기만 했지 스스로 원하는 공부를 찾아서 하지 않았다. 오로지 시험성적을 잘 받기 위한 목표로 교육을 받았기 때문에 능동적인 공부보다는 선생님이 알려주는대로 받아들이기에 바빴다. 이런 환경속에서 자라다 보니 회사에 취직을 해서 일을 할 때에 문제점들이 드러나기 시작한다. 상사가 지시하는 일에 대해서 하나하나 알려주지 않으면 진행이 더디고 알아서 하기 힘들어 한다. 대표적인 이유가 상사에게 본인의 생각을 표현하는 연습도 안되어 있고 문제를 해결할 수 있는 사고력을 키우기 보다 주입시키는 지식을 암기하고 객관식 답을 찾는 것에 익숙하기 때문이다. 눈치 챘겠지만 하나부터 열까지 알아서 해내야 하는 프로젝트말고 세부적인 단계별 업무를 지시하면 한국 직원들은 편안함을 느낀다. 와이프가 하는 일을 자세히는 몰라도 대략적으로 들어보면 '이걸 어떻게 하지?' '누가 가르쳐주는 거지?'란 생각들이 들곤하는데 궁금해서 물어보면 하나하나 배웠다기 보다 뭔가 체득되어진 경험들을 통해 해결방법들이 나온다고 했다. 'A이면 B이다' 처럼 정답을 알고 있는게 아니라 문제 해결을 위해 B에 이르는 과정을 생각할 수 있는 사고의 차이가 달랐다. 그런 차이가 어디에서 부터 나오는지 생각해보면 항상 답은 교육였다.

교육에서 어떤 부분이 직원들의 업무수행력의 차이를 가져오게 했을까? 한국의 교육은 생각의 발산을 돕지 못한다. 평가하는 시험조차 객관식이라 점수의 차별을 두기 위해 항목들이 치졸해지고 암기력에 의해 성적이 나뉜다. 그렇게 학창시절을 보내고 회사에 들어가니 업무에 필요한 능력은 다시 배워야 한다. 대학 생활을 하면서 생각의 크기를 키우고 다양한 문제에 대한 답을 얻는 과정을 체득해야 하는데 고등학교의 연장선이란 얘기가 나올 정도로 교육의 변화가 없다. 대학교에서 전공을 나눈 이유가 사회에 진출했을 때 전문분야에 맞게 필요한 역량을 발휘할 수 있도록 돕는데 있는데 졸업하는 순간 거의 모든게 리셋된다. 암기한 지식은 휘발성이 강해서 날아가고 회사에서는 업무에 필요한 역량을 다시 교육해야한다. 이게 얼마나 사회적 낭비인지 모른다. 고등학교 때 대학교에 입학하면 TV에서 보던 것처럼 학생과 교수간의 토론식 교육이 일반적일줄 알았다. 그런데 한국 대학에선 이런 토론식 수업을 보기 힘들다. 교수님들이 토론식 수업을 지향해서 교육 해도 문제다. 학생들이 도대체 질문을 안한다. 서로 소통하는 과정이 없다. 질문을 하고 질문을 받는 과정에서 지식이 내것으로 소화되는데 고등학생처럼 받아적기만 한다. 궁여지책으로 교수가 질문해도 모른다는 답변이 태반이다. 이렇게 대학시절도 보내니 외국계 기업에서 직원들간에 차이가 생기는 것이다. 회사가 발전하려면 직원들의 비판적인 사고와 문제해결력 등이 필요한데 과하게 표현하자면 한국직원들은 이런 역량이 부족하다. 교육의 차이가 개개인의 역량의 차이로 나타나는게 현실이다.

계속해서 한국 교육이 우리 자녀들을 어떻게 망치고 있는지 생각하게 된다. 현실을 벗어나고 싶은 마음에 강한 부정을 하는게 아니라 다가올, 아니 다가온 4차산업혁명 시대에 한국의 인재들이 경쟁력 있게 나아가길 원하는 마음이 더 크다. IT, 과학, 기술, 산업, 수학, 문화 등 세계적으로 알아주는 한국 기업이 없었던 과거를 답습하지 않았으면 하는데 좀처럼 그 해답이 보이지 않는다. 알면 알수록 경쟁력이 없는 현실과 마주하게 된다. 산업혁명, IT혁명을 지나오며 선진국에 로열티를 주고 기술을 갖다 쓰는 행위가 얼마나 비 효율적인지 느꼈을텐데 좀처럼 개선의 여지를 볼 수 없다. 2016년 한국에서 멋지게 인공지능 ‘알파고'를 선보이며 스쳐지나간 사건이 우린 이렇게 인공지능 기술을 발전시켰다며 으르렁 포효하며 간거라고 누가 생각이나 할까. 4차산업혁명 시대에도 미국이나 일본과 같은 국가에 경제적인 속국으로 살아가야 하나란 안타까운 생각이 든다.

여기서 First Principle Thinking을 적용해 보자. 현재 한국의 교육체계 하에서 주어진 프로젝트를 혼자 완수 할수 있게 하려면 어떻게 해야 할까? 학교나 학원의 수업 방식을 바꿀 수는 없다. 근본적인 원인을 교육에 있다고 했으니 남은 건 가정에서의 교육이다. 가정에서 할 수 있는 방법들이 많겠지만 첫 번째로 '경청'을 꼽고 싶다. 아이들이 어렸을 때 주위의 어른들이 많은 것을 물어보곤 한다. "밥 먹었어?" "뭐 하고 놀았어?" "어디 갔다 왔니?" "누구랑 놀았어?" 등의 질문을 하면 아이가 대답하는 몇 초의 시간을 못 기다리고 옆에서 부모가 대신 대답을 해준다. 나도 조카를 만났을 때 이것 저것 물어보는데 물어볼 때마다 옆에서 대답 해주는 경우가 많았다. 아이들이 어떻게 대답할지 생각하는 과정에서 어휘력이 생기고 말을 정리하는 연습이 되는데 부모가 그 기회를 박탈 한다. 일부러 단답형의 질문보다 개방형의 질문을 해도 마찬가지다. "의사 놀이할 때 치료해주는 느낌이 어땠니?" "왜 그렇게 생각했어?" "친구를 밀면 친구는 어떤 느낌이 들까?" 조카의 의견을 묻고 감정상태를 묻는 물음에도 부모가 자녀의 생각을 대신한다. 아주 사소한 습관에 아이들의 사고력에 차이가 생긴다. 아이에게 질문했을 때 충분히 대답하는 시간을 기다려 주는 것 부터 시작해보자.

두 번째로 집중해서 길러 줘야 하는 것이 일론 머스크처럼 'FPT'에 기반하여 상황을 보는 것이다. 앞서 얘기 했던 것처럼 'FPT'를 길러주는 좋은 방법은 '수학'을 제대로 공부시키는 것이다. 세계 각국에서 근본적인 해결책을 교육, 그중에서도 '수학'이라고 말하는 것에 귀 기울일 필요가 있다. 학교 수업에서 프로젝트 과제를 내주며 학생들 스스로 생각하게 만드는 연습을 시켜주는 것이 제일 좋겠지만 물리적으로 안 되는 상황을 생각하며 고민할 필요가 없다. 아이들의 가치관 및 태도에 가장 큰 영향을 미치는 부모의 역할에 충실하자. 각자의 역량이 달라서 옆에서 조언을 해주고 지도해주는 시기가 저마다 차이가 있을텐데 해줄 수 있는 시기까지는 '단 하나의 태도'를 위해 노력해야 한다. 'FPT'에서 가장 중요한 부분인 근본적인 수준까지 생각하는 연습이다. 수학을 공부하면서 근본적인 수준까지 생각하는 '단 하나의 태도'란 문제 푸는 기술 습득에 집중하지 않고 개념 이해에 집중하는 것이다. 어떤 분야에서든 기초의 완벽한 이해 없이 응용력을 발휘하는게 쉽지 않다. 겪어보지 않은 상황에서 문제해결력을 발휘 할 수 있으려면 기초가 튼튼해야 한다. 수학도 마찬가지다. 다시 한번 머릿속에 상기시키자. 이런 태도를 쉽게 배울 수 있는 방법이 '수학'을 제대로 공부하는 것이다. 처음 '하나, 둘, 셋'하며 수의 개념을 알기 시작하는 때부터 사칙연산을 배우고 여러 수학적 개념을 배우는 모든 과정에서 항상 기본 개념의 완벽한 이해를 염두하고 공부해야 한다. 이렇게 시간이 흘러 회사에 취직을 하게 되거나 본인의 사업을 할 때 차이가 극명하게 갈린다. 외국계 회사의 에피소드를 얘기하며 어디서 교육을 받았는지에 따라 업무능력이 다름을 얘기했는데 교육 이면에 '문제해결력'이라는 중요한 역량이 있음을 기억해야한다. 문제해결력 강화를 위해 'FPT'을 어떻게 기를 수 있는지 왜 베다수학을 배워야 하는지 차차 알아보기로 하자.

5

4차산업혁명시대!
미국,영국,일본은 베다수학을 공부한다

"4차산업혁명 시대라고 하는데 혹시 이게 뭔지 알아?"

지인들에게 물으면 먼 산보듯한 대답이 돌아온다. 2016년 세계경제포럼에서 4차산업혁명이란 말이 나온 후 많은 시간이 지났다. 아직까지도 4차산업혁명에 대해 모르거나 이에 대비해 무언가 준비하고 있지 않다면 큰 기회를 놓치고 살아 갈 확률이 높다. 제4차산업혁명 시대에는 발전 속도가 기하급수적이다. 18세기 시작된 제1차산업혁명부터 2000년대 제3차산업혁명까지의 시간과는 비교할 수 없을 정도로 빠른 진행과정을 보인다. 이것을 염두하지 않고 살아간다면 당연히 뒤처질 수 밖에 없다.

전세계적으로 보면 2차산업혁명(대량생산), 3차산업혁명(컴퓨터,인터넷)의 흐름조차도 누리지 못하는 국가들이 많다. 그에 비해 한국은 지금껏 빠른 경제성장을 해왔고 끊임없이 선진국 대열에 들어서려는 시도를 하고 있다. 그러나 제4차산업혁명 시대의 한국은 과연 적절한 대응방안을 마련하고 있나란 질문에 답변은 물음표다. 세계 각국은 제4차산업혁명 시대에서도 앞서나가기 위해 발빠르게 움직이고 있다. 특히 국가경쟁력의 기반이 되는 인재양성을 위해 교육분야의 변화에 집중했다. 그 중에서도 수학교육에 대한 중요성을 인식하고 강화시키는 교육정책을 펴고 있다. 세계경제포럼의 '직업의 미래 보고서'를 보면 새로 생기는 일자리 200만개 중 수학의 중요성을 입증하는 일자리들이 많은 비율을 차지한다. 아직까지도 한국은 정답을 찍기 위한 수학교육이 진행 중인 것을 보면 제4차산업혁명 시대에도 앞서가는 선진국을 따라가는 양상이 될 것으로 보여진다. 4차산업혁명에 대해 조금만 관심을 두고 공부해보면 이런 사태의 심각성을 충분히 느낄 수 있다. 한국이 경쟁력을 갖기를 바라며 '베다수학'을 전국민이 공부하길 바라는 마음으로 이 책을 쓰고 있는게 어쩌면 당연한지도 모른다.

일본정부는 2019년 '수리자본주의의 시대: 수학의 힘이 세상을 바꾼다'는 보고서를 펴냈다.[J] 이 보고서에서는 4차산업혁명 시대엔 첫째도 수학, 둘째도 수학, 셋째도 수학 이라고 했다. 7개월에 걸쳐 각계 전문가들의 의견을 수렴해서 수학이 국부의 원천이라고 결론 지었다. 10대 정책목표까지 제시했는데 도쿄대 등 6대거점 대학을 중심으로 수학교육을 강화하는 등의 내용을 담았다. 교육 내용도 기업의 필요에 따라 세분화 시키기로 했고 확률과 통계, 선형대수 등의 출제 비율도 높이기로 했다.

일본은 2002년부터 지금의 한국과 같은 학습부담 완화 정책을 폈다.[K] 시간이 지나면서 성적 양극화 현상이 심해져 2009년 학력 강화교육으로 돌아섰다. 현재는 대입 시험에 기하, 벡터, 복소평면, 극좌표 등을 포함하고 있다. 일본 뿐 아니라 핀란드, 중국도 기하와 벡터가 필

J 4차 산업혁명 '한·일戰' 수학에 달렸다 한국경제 이해성기자 2019.08.18

K 수학공부 부담 완화정책 10년… '수포자'만 양산했다 조가현 동아사이언스 기자2018.07.13

수다. 미국과 영국, 싱가포르, 호주 등의 국가도 수학 학습을 심화하고 강화하고 있다. 한국은 일본의 실패한 전철을 밟고 있는 것으로 보인다. 수학 공부의 부담을 줄여주는 정책이 시행된 후로 기초학력미달자의 수는 늘었고 최상위권의 학생수는 줄었다. 집합, 행렬, 기하와 벡터 등 중요한 단원들이 시험에서 사라졌다. 수학이 4차산업혁명의 핵심 경쟁력임을 아는 세계 각국과는 다른 행보를 보이는 한국이다.

제1차산업혁명을 이끈 영국에서도 '수학의 시대(The Era of Mathematics)'라는 보고서를 냈다. '수학이 4차산업혁명의 핵심' 이라는게 주요 내용으로 영국이 다시 세계의 중심에 서려면 수학 인재 확보 및 관련 인프라 구축에 모든 것을 걸어야 한다고 했다. 선진국들의 수학을 향한 집념이 무섭다.

수학을 국가의 경쟁력으로 보는 이유는 지식적인 면이 크겠지만 태도적인 면도 중요하다. 앞서 얘기했던 '수리력'을 생각해보면 된다. 수학이 주는 생각하는 힘이 미래사회의 핵심 역량이다. 단순히 문제를 반복해서 풀고 객관식 답을 찍는 수준으로는 변화무쌍한 시대에 대처하기 어렵다. 점수를 더 받으려는 암기식 공부가 아니라 수학의 본질을 이해하기 위한 노력이 필요하다. 어떤 상황에서든 창의적인 사고를 지향하고 문제 해결을 위한 복합적인 사고를 할 수 있어야 한다.

미국국립과학재단(National Science Foundation)에서 사용하기 시작한 STEM (Science, Technology, Engineering, Mathematics)교육을 보면 융복합적인 사고를

키우려는 노력을 볼 수 있다. 지식을 습득하고 배설하는 기존의 교육으로는 급변하는 사회에서 성공하기 어렵다. 정보의 확장 속도가 예전과는 차원이 다르기 때문이다. 아무리 노력해도 인공지능보다 지식과 정보의 습득이 우위에 있기 어렵다. 인간은 과학, 기술, 수학, 공학 등의 융복합적인 사고로 무장해야 인공지능이 생각할 수 없는 문제 해결력, 창의성을 보일 수 있다. 우리나라에서도 STEM에 ART를 더해서 STEAM교육을 추진하고 있지만 아직은 걸음마 수준이다. 과학기술정보통신부 산하 국가수리과학연구소가 있지만 더 지원해줘도 모자란데 예산을 깎고 있는게 현실이다. 일본에는 지기 싫어하는 한국이지만 앞서가는 일본을 추월하기에 한참 부족해 보이는건 어쩔 수 없다. 수학의 노벨상이라고 불리는 필즈상 수상자가 한명도 없는 나라, 한국의 교육체계가 심히 걱정 스럽다.

국가의 교육 정책이 어떻게 흘러가든 우리는 스스로 경쟁력을 갖춰나가야 한다. 자녀를 둔 학부모는 쉬운 수학이 아니라 생각하게 만드는 수학을 하나라도 더 가르쳐야 한다. 학교 시험에서 높은 점수를 받지 못했다고 자녀를 다그치면서 학원에 몰아 넣는걸 지양해야 한다. 자녀의 수학실력을 점수로 판단하지 말고 생각하는 힘, 창의적 발상 등을 보려고 노력해야 한다. 자기 자식에 대해 잘 알지도 못하면서 점수로만 판단하기 시작하면 자녀는 더욱더 수학이 재미없어지고 포기해야 하는 대상으로 인식하게 될 것이다. 다시 말하지만 수학시험 점수가 아니라 자녀의 사고력을 판단해 봐야 한다. 어떤 사안에 대해 자녀는 어떻게 생각하고 어떤 해법을 제시하는지 등이 중요하다. 만약 이런 사고력이 부족하다면 한단계씩 이해하며 나아가는 수학공부로 충분히 키울 수 있으니 걱정과 질타는 잠시 옆에 두는게 좋다. 직장인이라면 그동안 주입식 교육의 틀 안에서 자라 키우지 못했던 문제해결력을 길러야 한다. 업무를 실행하는 과정에서 상사가, 또는 동료가 제시하는 대로 움직이는 경우가 많다면 앞으로는 개선할 필요가 있다. 10년이 넘는 학창시절을 떠먹여주는 교육을 받으며 지내왔으니 당연히 내 의지와 상관없이 움직이는게 익숙하다. 4차산업혁명 시대에 인공지능에게 일자리를 뺏기지 않으려면 하루라도 빨리 개선의 노력을 해야한다. 그 해결책이 베다수학이다. 과격한 표현이지만 베다수학은 숫자를 뜯어먹는다. 개념을 자유자재로 활용할 수 있게 만든다. 기초 덧셈이라도 우리가 정규 과정때 배운 방식에서 많이 벗어난다. 다양한 사고를 할 수 있게 도와준다는 의미다. '일의자리부터 더해라' 합해서 '10이 넘어가면 십의자리로 올려라' 등 획일적으로 가르치지 않는다. 수학은 기초 개념들을 이해하고 서로 연결 시키고 확장해나가야 한다. 공부했던 유형의 문제가 아니더라도 알고 있는 개념들을 융합하고 재배열 하면서 생각의 힘을 길러야 한다. 베다수학이 바로 그런 능력을 배양시켜주는 연습을 하게 해준다.

베다수학을 '절대수학'이라고 표현해 본다. 4차산업혁명 시대를 살아야 하는 우리가 절대적인 힘을 얻기 위한 무기로 베다수학을 내 것으로 만들어야 한다. 남들보다 빠르게 풀고 다르게 풀면서 우월감을 느껴봐야 한다. 영화 반지의제왕에서 강력한 힘을 가진 '절대반지'의 존재처럼 베다수학을 통해 이 시대를 살아가는데 큰 힘을 얻을 수 있다.

다른점이 있다면 '절대수학'이 훨씬 쉽게 차지할 수 있다는 것이다. 기회를 놓치지 말자.

First Principle thinking는 베다수학으로 기른다

1 About First Principle thinking

많은 분야에서 가장 뛰어난 성과를 낸 사람들을 보면 First Principle Thinking(이하 'FPT')을 활용한다. 역사상 가장 위대한 철학자인 아리스토텔레스, 아인슈타인과 함께 20세기 최고의 물리학자로 알려진 리처드 파인만, 기하학의 아버지 유클리드, 세기의 발명가인 니콜라 테슬라와 에디슨 등이 대표적 인물이다. 앞에서 잠시 살펴보았지만 이들이 말하는 'FPT'의 개념을 다시 한 번 알아보자.

FPT	철학에서 First principle은 기초적이고 근원적인 가정 또는 제안을 의미하며, 이는 다른 가정 또는 제안에서 유도될 수 없다. 수학에서 제일 원리는 공리로 언급된다. First Principle의 고전 적인 예로 유클리드의 기하학에 사용된 공리가 있다. 유클리드 기하학의 수백가지 명제들은 세 종류의 제일원리에 의해서 모두 유도가 가능하다.(위키백과)

'FPT'는 더이상 쪼개질 수 없는 제일 근본적인 상태를 의미한다. 다른 어떤 것에서도 추론 할 수 없는 기초적인 상태를 말하기 때문에 'FPT'를 기반으로 새로운 개념이나 아이디어가 생성 된다고 생각해도 무방하다. 어떤 상황에서든 기초 지식이 없이 누구나 이해할 수 있는 개념이 존재하기 마련인데 그러한 광범위한 의미를 가질 수 있고 다른 걸 파생 시킬 수 있는 상태라고 볼 수도 있다. 좀 더 이해하기 쉽게 미국 군사전문가 John Boyd의 설명을 보자.

스키어가 매달려 있는 모터보트, 탱크, 자전거 세 가지가 있다고 가정해보자.

'FPT'를 사용하여 이 세가지를 분해해보면

모터보트-선체, 모터, 스키

탱크-대포, 장갑판, 금속 트레드

자전거-바퀴, 핸들, 안장, 기어 등으로 구성품을 생각할 수 있다.

이런 구성품들로 새로운걸 만들어야 한다면 무엇을 만들 수 있을까? 여러가지 것들이 있겠지만 보트의 모터, 스키, 탱크의 트레드, 자전거의 핸들, 안장 등을 결합하여 '스노우 모빌'을 만들 수 있다.

일론머스크가 사용하는 방식으로 이 사례를 살펴보면

1단계: 현재의 가정을 식별 하고 정의한다-기존의 물건들을 매개로 새로운 창작물을 만들려는 생각을 한다.

2단계: 그 문제를 근본적인 원리로 세분화한다-세 가지 물건들을 각 부품별로 세분화 시킨다.

3단계: 처음부터 새로운 해결책을 만든다-각 부품들을 재구성해서 실용가치가 높은 새로운 창작물을 만든다.

언뜻 보면 이 과정이 쉬워 보이지만 창작물을 만들기 위해 제일 근본적인 상태로 만들려는 생각과 그 상태에서 새로운 아이디어를 얻는다는 것도 쉽지 않다. 그럼에도 'FPT'를 늘 활용하려는 연습을 해서 다양한 문제에 대응할 수 있어야 한다.

아리스토텔레스와 같은 위대한 철학자가 'FPT'에 기반한 생각을 하였다고 해서 철학적인 질문들을 생각해봤다. '나는 누구인가?' '사랑이란 무엇인가?' '인간은 어디에서 행복을 느끼는가?' '신은 존재하는가?' 와 같은 철학적 질문들이 떠오른다. 이 질문들에 대한 답을 구하는 과정까지 생각하니까 철학분야에서 왜 'FPT'에 기반한 생각을 해야하는지 조금은 알것 같다. 제일 근간이 되는 물음에 대한 답을 구하는 생각들이 철학적이고 사색적이다. '사랑은 이기적인 마음인가 이타적인 마음인가?'처럼 다른 철학적 상상으로 이어지는 과정들이 참 자연스러워 보이기도 한다. 아리스토텔레스는 자연과학에 있어서도 기본원칙에 대한 생각부터 했다. 나중에 틀렸다고 밝혀졌지만 4원소설(땅위의 물질은 흙,물,공기,불로 되어있다)을 주장한것이 대표적이다.

물리학자 리처드 파인만의 이야기를 들어보면 다른 식으로 'FPT'를 이해할 수 있다. 파인만은 전문가의 말을 곧이곧대로 듣지 말라고 하면서 한 사례를 들었다. 간략하게 설명해보면, 어떤 물리적 사실에 대해 일반적인 견해가 A라고 알려져 있었는데 실제로는 B라는 것을 발견했다. 파인만은 A자체도 누군가가 만든 가정이었을 뿐인데 다른 사람들이 그 가정을 맹목적으로 의존한다는걸 알고는 전문가의 추론에 의존하지 않았다. 소위 전문가가 이전에 만든 가정이나 데이터를 따르기보다 의문을 제기하고 직접 증명하려고 했다. 이렇게 파인만은 어떤 문제에 대해 근본적으로 알고 있는 진실이 무엇인지 부터 추론하는 태도로 바뀌었고 노벨물리학상을 수상하는 쾌거를 올렸다.

이상의 사례들에서 우리는 공통점을 발견해야 한다. 'FPT'에 의한 창의성의 발현이 성공에 지대한 영향을 끼친다는 사실이다. 어떤 분야에서든 근본적인 개념까지 파고드는 생각이 새로운 아이디어를 가져오게 한다. 깊이 생각해보지 않으면 제일 근본적인 상태까지 나아가는 것이 어떻게 창의적 사고까지 이어지나 의아할텐데 앞서 살펴본 사례들을 보면 아이디어는 기본에서부터 출발한다. 아마 처음 들어보는 독자들이 많을텐데 이 책에서 'FPT'에 대해 살펴보는 이유가 창의적 사고를 기르는 방법을 알리기 위함이다. 테슬라를 이끄는 일론머스크나 각 분야에서 성공하는 사람들의 공통점이 'FPT'라면 어떻게 체득할 수 있을지 끊임없이 고민해야한다. 어떤 형식으로든 문제가 발생하면 제일 먼저 해야하는 것이 'FPT'의 단계별 실행이다. 우선 기존의 지식이나 상품들을 최대한 기초상태로 만들고 뇌안의 각 방에 넣어둘 수 있어야 한다. 그 뒤 해당 문제를 해결하기 위한 방법을 찾기 위해 각 방에 있는 것들을 재결합하고 새로운 아이디어를 생산 해내야한다. 평소에 이런 연습을 충분히 할수록 위기에 강해지고 문제해결력이 길러지는데 처음부터 이런 습관을 기르는게 쉽지 않을 수 있다. 자녀를 둔 부모라면 어렸을 때 부터 이런 사고를 할 수 있도록 도울 수 있어야 한다. 공부를 잘 하는 방법으로도 탁월하다. 수십, 수백가지의 지식을 모두 암기하는게 아니라 먼저 그 단원, 혹은 그 분야에서 핵심 개념을 찾아내고 철저히 이해를 한다. 그 뒤 파생되는 지식들은 핵심 개념의 다양한 재결합에 불과하기 때문에 그런 지식들은 많은 시간을 들이지 않아도 된다.

아이들은 기본적으로 'FPT'를 자연스럽게 기르도록 태어났다.
"엄마, 왜 밥을 먹어야 돼요?"
"왜 핸드폰에서 할머니 목소리가 들려요?"
"왜 '냉장고'라고 읽어요?"
"왜 사과는 빨간색이에요?"
자라면서 사사건건 '왜'냐고 묻는 시기가 있는데 이 때 아이들은 이런 질문을 통해 근본적인 원리를 찾게 되고 기초에 다가갈 수 있는 지식들을 습득한다. 정답이 아닐지라도 부모로 부터 듣는 말들을 통해 상상력을 키우고 그 대답에 또 '왜'라는 궁금증을 갖게 되면서 자연스럽게 'FPT'를 기르게 된다. 너무 많은 질문에 귀찮아하고 잘 모른다고 딱 잘라 그만 물으라고 지시하는 상황이 반복되면 아이들은 더이상 질문하지 않게 된다. 기존에 알고 있던 지식과 경험을 바탕으로 추론할 수 있을 뿐 새로운 상황이나 문제에 대해 깊이 파고들며 해결할 수 있는 능력을 점점 잃게 된다. 질문을 하는 것보다 그냥 알아서 생각하는게 더 쉽고 덜 소모적이기 때문에 의식적으로 'FPT'를 기르게 해주려는 노력이 필요하다.

끊임없이 질문하게 만드는 수학을 통해 보다 손 쉽게 'FPT'를 기를 수 있다. 모르는 문제가 생겼을 때 알고 있는 기본 개념을 떠올려야 하고 그 개념들을 다양하게 활용할 수 있어야 풀 수 있는데 이 과정들이 'FPT'를 통해 문제해결하는 과정과 닮았다. 수천, 수만가지 수학문제들을 풀기 위한 기본 개념은 몇 안된다. 이 개념들을 정확히 이해하고 숙지하고 있을 때 응용력이 생기고 창의적 사고를 할 수 있다. 뒤에서 'FPT'를 기르기 위한 수학에 대해 좀 더 살펴보자.

2

4차산업혁명시대에 FPT인재들이 각광받는 이유

2016년 세계경제포럼에서 4차산업혁명을 얘기한지 벌써 몇년이 지났다. 그럼에도 아직 한국에서는 4차산업혁명에 대해 많은 사람들이 인식을 잘 못하고 있다. 들어봤어도 그 내용이 뭔지 잘 모르는 경우가 대부분이다. 다른 선진국에서는 몇해 전부터 4차산업혁명에 대한 준비를 하고 있다. 그 분야도 다양해서 산업전반, 교육, 정치 등 서로가 한 목소리가 되어 타국에 비해 앞서가기 위한 노력을 한다. 한국은 국민들을 무지한 상태로 만들려는 것인지 경제적 속국을 만들려는 것인지 4차산업혁명에 대해 국민들의 인식이 변할만한 분위기 조성이 안되어 있다. 큰 위기감을 느끼고 모두가 하나처럼 움직여도 대비하기 힘들텐데 몇몇 지식인을 제외하곤 먼 산 보듯 바라보는 것 같다. 가랑비에 옷젖듯 지금은 잘 못느끼고 있지만 거대한 변화의 흐름은 인식의 속도보다 빠르다. 3차산업혁명까지는 지금처럼 교육받고 열심히 노력하면 성공할 수 있는 기회도 있었고 세계1위인 기업들도 생길만큼 경쟁력을 보일수도 있었다. 농경사회, 산업사회, 인터넷사회 등 거대한 흐름마다 한국은 발 빠르게 대처하며 지나왔다. 현재, 대기업 몇은 4차산업혁명에 대비하고 있을지도 모르겠으나 인재양성과 같은 교육전반의 변화가 없으면 제대로 된 준비라고 할 수 없다. 그래서 교육체계를 바꿀 수 있는 사회적 변화까지 있어야 하는 것이다. 사회전반에 걸쳐 4차산업혁명에 대비하는 선진국들이 바보라서 수십년, 수백년 이어온 교육체계를 바꾸는 것이 아니다. 그만큼 위기감을 느끼지 않으면 국가가 전

쟁 없이도 속국의 자리에 위치할 수 있기 때문이다. 실제로 일본은 4차 산업혁명 시대에 우위를 차지하기 위해 발빠르게 움직이고 있다. 입시 위주의 교육체계로 인해 일본의 '잃어버린 20년'이 발생했다는 깨달음을 얻고 정부 주도의 교육 변화를 꾀하고 있다. 한국은 10~20년 시차를 두고 일본을 따라간다고 하는데 이제는 더 벌어질지도 모르는 상황이 연출되고 있다. 한국의 교육은 일본의 주입식 교육, 입시위주의 교육을 빼닮았는데 변화는 커녕 여전히 수동적인 학생들을 양산하는 문제점이 속출하고 있다. 창의, 혁신, 도전 등의 정신을 키워줘야 할 교육이 더욱 중요해진 시대이니만큼 공교육은 그렇다 하더라도 부모로서 할 수 있는 노력을 하는게 필요하다.

현재 가장 잘나가는 기업을 뽑으라면 테슬라, 아마존, 넷플릭스 등을 생각할 수 있다. 이 기업들의 CEO는 공통점이 있다. 바로 First Principle Thinking을 기반으로 문제를 해결한다는 점이다. 세계 1위 부자인 아마존의 제프베조스(jeff Bezos)는 시간이 지나도 변하지 않을 원칙을 찾아 거기에 초점을 맞추는 경영을 했다. 예를 들어 '고객은 저렴한 가격을 원한다', '빠른 배송을 원한다', '다양한 선택을 원한다' 등과 같은 변함없는 원칙에 기반해서 많은 에너지를 쏟는 것이다. 고객의 니즈를 찾고 문제를 해결하는 등 변함없는 원칙에 근거한다고 해서 성공하는 것은 아니지만 성공한다면 이런 원칙들 때문에 가능하다는 점을 잘 알고 있었다. 2016년 연례 주주 편지에서 그는 직원들이 기존의 프로세스를 그대로 따르는 것에 대해 주의하도록 했다. 기업이 커지고 복잡해지면 기존의 관습과 프로세스를 그대로 따르는 경향이 커지는데 항상 주의하지 않으면 큰 문제를 야기한다고 했다. 나쁜 결과가 생겼을 때 그냥 프로세스를 따랐을 뿐이라고 말하는 상황이 생길 수 있다는 것이다. 더불어 시장조사와 고객설문조사의 결과도 그대로 해석할 것이 아니라 근본적인 문제를 해결할 수 있는지 살펴봐야한다고 강조했다. 우리가 어떤 데이터의 결과를 놓고 볼 때 그대로 인용하는 오류를 범할 수 있는데 그런 상황에 대해 경각심을 불러 일으켜 준 셈이다. 회사에서도 업무 처리를 할 때 기존의 프로세스를 그대로 답습하는 경우가 많은데 의구심을 갖고 왜 그 프로세스를 따르는지 지금 상황에 맞는지 등 'FPT'에 기반한 생각을 해야한다.

Paypal의 전 공동 설립자인 Peter Thiel도 'FPT'를 경영에 활용해야 한다고 말했다. 그는 초기 Facebook의 투자자이기도 했는데 'FPT'를 통해 획기적인 비지니스의 기회를 찾을 수 있다고 설파한다. 기존의 비지니스에서 찾을 수 없는 혁신적인 사업의 기회를 찾으려면 근본적인 진실로 나아가야 하는데 Zero to One이라는 그의 책에서 이를 0에서 1로 이동하는 수직적 발전이라고 표현했다. 이런 혁신은 이전에 아무도 하지 않은 일을 하는 것을 말하며 1에서 n으로 이동하며 수평적 발전을 하는 것보다 어렵다. 마이크로소프트, 구글, 페이스북 등의 CEO들은 사람들이 예상하지 못한 곳에서 사업의 기회를 얻고 성공한 기업을 만들었는데 이렇게 성공한 기업들은 끊임없이 더 나은 가치창출을 위해 'FPT'를 적용시킨다. 지금도 과학, 기술, 교통, 관광 등 많은 분야에서 새로운 기업들이 탄생하고 없어지기를 반복하고 있다. 우버, 넷플릭스, 아마존 프라임 등 성공한 기업이 있는 반면 이름도 모르게 사라진 기업들도 많다. 이들의 차이는 근본적으로 고객들이 원하고 시간이 지나도 변하지 않을 니즈를 충족시켜주는지의 여부다. 처음부터 'FPT'를 적용하고 제일 원초적인 서비스의 형태를 발견하는 과정에서 새로운 아이디어가 나오고 성공한 기업이 나온다.

4차산업혁명 시대에 자녀들이 기업에서 능력을 인정받고 살아남기를 원한다면 'FPT'를 생활화 하도록 지도해야한다. 기존의 산업혁명들이 예상가능한 속도로 움직였다면 이제는 속도도 빠르고 어떻게 변화할지 모르는 기업의 현장이 되었다.'FPT'를 기반으로 한 인재는 해결사의 역할을 할 수 있게 된다. 새로운 문제가 발생했을 때 기존의 프로세스와 지식들로 해결할 수 있으면 좋은데 그런 문제라면 인공지능이 충분히 해결할 수 있다. 아니 오히려 인간보다 나은 해결 방법을 찾을 수 있다. 그렇기 때문에 인공지능이 해결 할 수 없는 문제가 발생 했을 때 기존의 지식들을 재결합하고 창조할 수 있는 능력이 필요하다. 'FPT'에 기반하여 문제를 바라보면 번뜩이는 아이디어를 생산할 가능성이 높아진다. 그런 사례는 테슬라, 스페이스 엑스, 넷플릭스 등 많은 곳에서 보여지고 있다. 2000년대 초 넷플릭스의 CEO인 리드 헤이스팅스(Reed Hastings)가 'FPT'의 개념을 말하면서 맹목적으로 지시를 따르거나 프로세스를 고수하는 대신 다른 방식으로 할 수는 없는지 끊임없이 자문한다고 했다. 여기서 힌트를 얻어보면 성공한 CEO들은 문제해결에 대한 접근 방식에 'FPT'를 활용한다고 하여 남들과 다른 방식으로 접근하는 태도를 보인다고 볼 수 있다.

남들과 다른 접근 방식은 성공으로 이끄는 방법이다. 기존의 경험과 지식들을 벗어나 다른 생각을 하는 것 자체가 힘든일이다. 기존의 경험을 따르는 것이 본능적으로 쉽다고 생각하는 방향이기 때문이다. 다르게 생각하고 실행한다는것은 스스로 선구자의 역할을 하며 능동적으로 움직여야 함을 뜻한다. 그만큼 두렵고 어려운 과정일 수 있으나 그래야 성공의 길에 들어서게 되는것은 자명하다. 남들과 다르게 생각하고 남들이 따라오게 만들어야 한다. 성인이 된 우리 자신을 생각해 보자. 살아오면서 얼마나 남들과 다르게 가려고 애써봤는지 다른 생각을 제시해 봤는지 떠올려 보자. 아마 대부분은 남들이 가는대로 살아 왔을 확률이 높다. 오죽하면 '튀지 말자' '가만히 있으면 중간이라도 간다'는 말을 즐겨쓰겠는가. 가만히 있으면 중간은 갈 수 있을 지언정 성공의 기회를 잡을 수는 없다. 우리 자녀를 본인처럼 키우고 싶으면 모를까 경쟁력 있게 키우고 싶다면 생각의 틀을 깨주려는 도움을 줘야한다. "튀어도 괜찮아" "남들의 방식을 따르지 않아도 괜찮아" "너의 생각을 존중해" "이렇게 생각했다니 기특한걸" 이렇게 말할 수 있는 부모가 될수록 아이들은 창의력이 자란다.

4차산업혁명 시대에 살아남는 방법, 아니 인기있는 인재로 살아가는 방법의 중심에 'FPT'가 있다. 어렵지 않다. 그동안은 몰라서 지도할 수 없었겠지만 이제는 일상생활에서 근본적인 사실로 나아가는 습관을 들이도록 해주자. 더이상 쪼갤 수 없고 분해할 수 없는 원초적 진실로 부터 시작하는 방법을 하나씩 체득하다보면 어느새 일론 머스크와 같은 혁신의 아이콘이 되어 있을지 모른다.

3 베다수학으로 기르는 FPT

'나는 생각한다, 고로 '나는 존재한다'는 말을 남긴 근대철학자 데카르트가 First Principle Thinking에 기반한 철학적 사상을 제시한다. '방법서설' 이라는 책을 통해 어려운 철학내용이 아닌 일반인들도 이해하기 쉬운 내용으로 본인의 철학 사상을 표현했다. 철학 분야에서 누구도 반론을 제기 할 수 없는 진리의 내용을 탐구하고자 했는데 그 방법을 4가지 규칙으로 정했다.

첫 번째 규칙	명백하게 참이라고 인식한 것 외에는 그 어떤 것도 참된 것으로 받아들이지 않을 것.
두 번째 규칙	문제를 가장 잘 해결하기에 필요한 만큼 가능한 한 많은 부분들로 나눌 것.
세 번째 규칙	단순하고 쉬운 것에서부터 시작하여 점차적으로 복잡한 것으로 올라가는 순서로 사고를 이끌어 갈 것.
네 번째 규칙	아무 것도 빼놓지 않았다는 확신이 들 정도로 모든 곳에서 완벽하게 열거하고 전체적으로 검토할 것.[A]

데카르트가 살던 시대는 '회의주의'가 팽배했던 시대였다. 회의주의는 인간이 이 세계에 관해서 확실한 지식을 갖는다는 가능성에 회의를 느끼는 이론 및 입장이다.[B] 인간의 감각이 착시와 착오 같은 불확실성

A 데카르트 방법서설 주니어김영사 박철호

B 위키백과

을 보일 수 있기 때문에 지식과 인지가 실제 참인지 여부와, 절대적 지식과 진실이 존재한다는 개념에 대해 체계적으로 검증하고자 하는 철학적 태도로 생각하면 된다. 이런 시대에 데카르트는 누구도 의심할 수 없는 확고한 기초를 마련하고자 했다. 그런 확실한 기초를 철학에서는 '제1원칙'로 부르는데 이게 바로 First Principle Thinking이다. 철학에서의 제1원리는 회의주의를 적용할 수 없고 의심할 수 없는 것이어야 한다고 했다. 예를 들어 '약수터의 물은 마셔도 된다'는 주장에 대해 대부분 사실로 받아들일 것이다. 그러나 데카르트에 의하면 이 주장은 확실한 것이 아닌데 그 이유가 내가 마시는 순간의 물에 독성을 가진 물질이 토양에 침투 돼 섞였을 가능성을 배제할 수 없기 때문이다. '나뭇잎은 언젠가 떨어진다'는 사실에 대해서 대부분 '그래 언젠가는 떨어지겠지'라며 생각하기 쉽다. 그러나 '떨어지지 않는 나뭇잎도 존재하지 않을까?'란 생각을 하는 사람도 있을 것이다. 이렇게 의문이 드는 사실 등은 제1원칙이 될 수 없다. 제1원칙은 어떤 정보나 지식 등에 대해 의심할 수 없는 상태여야 하기 때문이다.데카르트는 그런 철학적 진리를 찾기 위해 위의 4가지 규칙을 만들었다. 철학자이면서 수학 좋아해서 제1원칙을 찾기 위한 방법으로 수학적 개념을 활용했다. 누구도 의심할 수 없는 진리를 찾으려면 수학처럼 확실한 논리와 증명 가능한 개념들이 필요했던 것이다.

수학적 개념을 철학에 반영한다는것이 어떤 의미일까? 수학에는 '공리'가 있다. 공리란 누구도 부정할 수 없는 가장 기초적인 근거가 되는 명제를 말한다. 공리는 증명할 필요가 없는 자명한 진리이자 다른 명제들을 증명할 때 활용하는 가장 기본적인 가정이다.[C] '두 점이 주어졌을 때, 그 두 점을 통과하는 직선을 그을 수 있다.', '어떤 자연수에 대해서도, 그 수의 다음 자연수(따름수)가 존재한다', '두 점이 주어졌을 때, 그 두 점을 통과하는 직선을 그을 수 있다.' 와 같은 명제는 누구도 부정할 수 없는 참인 내용이다. 수학에서 공부한 여러 성질들은 이런 공리들로 증명을 한다.[D] 명제 자체가 참이고 더이상 단순하고 쉬운 진리로 나아갈 수 없다. 데카르트는 철학에서도 완전한 참이어서 더 이상 논란거리가 없고 다른 철학적 진리들의 토대가 되는 것을 찾아야 한다고 생각했다. 이렇게 근본적인 진리로 나아가기 위해선 기존의 진리들을 의심하고 불확실성에 대해 끊임 없이 질문해야 한다. 이런 과정을 방법적 회의라고 한다. 회의주의에 반하는 합리주의적 생각을 가진 데카르트는 4가지 규칙에 의한 끊임없는 회의적 방법을 통해 회의주의에 대응하려고 했다.

일론 머스크는 자녀 교육을 위해 학교를 설립했다. 그 이유 중 하나가 정규과정에서 배우는 지식들이 제한적인 사고를 하도록 만든다고 생각했기 때문이다. 너무나 잘 알고 있듯이 일론 머스크는 인공지능의 무서움을 인식하고 걸맞는 대응을 해야한다고 말한다. 이런 시대에 정규교육체계의 지식전달은 자녀들을 살아남지 못하게 만든다고 생각해서 근본적으로 경쟁력을 갖을 수 있는 교육을 시키고자 하는 것이다.

C 위키백과

D 가장 확실한 것들을 의심하고, 해부하라!" 박정하 성균관대학교 교수 프레시안. 최종수정 2014. 06.11. 03:22:47

부모라면 누구나 자녀교육에 대해 많은 고민을 할텐데 일론머스크도 그 생각의 끝에 학교설립이라는 결정을 내렸다. '자녀를 어떻게 교육시킬 것인가'에 대한 물음에 끊임 없이 질문하고 가능한 기본적인 답을 얻을 수 있을 때까지 파고들었을 것이다. 결국 그 답이 '생각하는 힘'을 길러주는 것이고 기존 학교들과는 다른 커리큘럼으로 자녀들을 교육해야 겠다는 해결방법까지 나아갔을 것이라 추측 된다. 테슬라, 스페이스엑스 등 회사의 문제를 해결하기 위해 First Principle Thinking을 기반으로 해결책을 모색하는 머스크 다운 방안이라고 생각 된다. 학교내 수업은 문제해결력의 기반이 되는 제1원칙과 같은 지식들을 함양하는데 초점이 맞춰져 있다. 정규교육은 파블루프의 개처럼 자동반사와 같은 사고의 전환이 이뤄지도록 할 확률이 높다. 정형화된 지식으로 형성되는 사고가 융통성없는 인간을 만들 수 있기 때문이다. 가장 근본이 되는 진리, 지식으로부터 다양한 사고를 할 수 있는 능력이 필요하다.

데카르트나 일론머스크 처럼 완벽한 진리, 가장 기초가 되는 진리를 찾고자 할 때 필요한 사고 능력을 키워보자. First Principle Thinking을 키우는 가장 좋은 방법은 수학이다. 데카르트도 철학적 진리를 수학적 사고로 해결하려고 한 것처럼 수학을 통해 First Principle Thinking을 배양해야 한다. 계속해서 가장 좋은 방법이 수학공부를 하는 것이라 말하고 있는데 아무리 말해도 지나치지 않다. 꼭 이 사실을 명심해야 한다. 수학은 시험 점수 잘 받기 위해 문제푸는 걸 배우는 게 아니다. 한 문제 더 맞으려고 문제푸는 방법을 외우고 유명한 강의를 듣는 것보다 수학을 통해 무엇을 얻어야 하는지 질문하며 공부에 임

해야 한다. 그렇다면 수학에서 가장 중요한 개념이 무엇일까? 뒤에서 살펴보겠지만 도형, 사칙연산, 함수등의 내용 중 사칙연산이 가장 기초라 생각해도 무방하다. 또 제일 중요하다. 사칙연산 자체가 공리라고 본다기 보다 수학의 기초가 되고 그 이후의 수학공부가 수월해 지기 때문에 탄탄한 실력으로 만들어 놔야 한다고 보면 된다. 초등학교 수학의 반 이상의 단원에서 사칙연산을 배우는데 할애 한다. 아마도 누구에게 묻든 살아가며 제일 중요한 수학 내용이 뭐냐고 물으면 덧셈, 뺄셈, 곱셈, 나눗셈의 '사칙연산'이라고 대답할 것이다. 사칙연산을 얼마나 빠르고 정확하게 할 줄 아는지 다양하게 생각할 줄 아는지에 따라 수학 실력과 그에 따르는 사고력의 차이가 생긴다.

First Principle Thinking을 체득시키기 위한 가장 큰 이유가 문제해결력을 기르기 위해서다. 수학을 통해 항상 제1원칙이 무엇인지 사고하는 방법을 깨우쳐야 한다. 수학에서 기초가 되는 사칙연산을 배울 때 부터 생각의 습관이 길러지도록 하는게 좋다. 쉽게 능력을 키울 수 있는 방법이 베다수학을 공부하는 것인데 정규과정 이외의 내용을 배우기 때문에 자연스럽게 지식과 사고가 확장 된다. 수학의 기초 능력이 향상 되기 때문에 훨씬 쉽게 수학을 공부하게 되고 모르는 문제가 생겼을 때 해결하는 방법들이 다양해 진다. 생각해보면 아주 간단하다. 야구에서 투수의 기초실력을 가늠 할 수 있는 요소 중 하나가 '구종'이다. 직구, 슬라이더, 커브 등 얼마나 다양한 구종을 잘 구사할 수 있는지에 따라 승리의 확률이 달라진다. 타자와 대결에서 그만큼 수싸움의 우위를 점할 수 있기 때문이다. 수학도 마찬가지다. 얼마나 다양하게 기초

실력을 쌓았는지에 따라서 중고등학교, 대학교에 이어지는 수학 실력의 차이가 생긴다. 수학 실력의 차이에 영향을 미치는 것도 큰데 더 나아가 보면 삶의 태도에도 큰 차이가 생길 수 있다. 앞에서 말했듯 수학을 통해 길러지는 First Principle Thinking의 차이가 생기기 때문이다. 어렵게 생각하지 말고 베다수학부터 시작해보자. 행동해야 변화가 생긴다. 나비효과가 되어 우리의 자녀가 일론머스크처럼 생각하고 성공할지도 모를일이다.

4

베다수학을 공부한 인도인들의 활약

'IIT(인도공과대학)에 떨어지면 MIT에 간다'는 우스개 소리가 있다. IIT에 입학하기 위해서 우리의 수학능력시험과 같은 공동입학시험1차(JEE Main), 공동입학시험 2차(JEE Advanced)의 시험을 봐야한다. 서울대학교 교수들의 분석에 따르면 시험 난이도는 서울대 신입생이 대학수학 1년을 배워야 겨우 풀수 있는 수준이라고 했다. 그 중 쉬운 문제조차 수능에서 가장 난이도 높은 문제 정도라고 하니 IIT 입학생들의 수준을 가늠할 만하다. 매년 1천만명 이상의 고교 졸업생중에 극소수만이 입학을 할 수 있다. 정부에서 국가적 인재를 기르기 위해 만든 국립대학이라 국가적 관심이 대단하다. 인도의 신분제도인 카스트 제도를 없애고자 시험 성적으로만 학생을 뽑는다. 법으로는 금지됐지만 사회전반에 신분제도의 잔재가 남아있다. 바이샤, 수드라 등의 하위계층에겐 이 신분제도를 넘어서는 것이 최대의 관심사다. 그 방법이 IIT에 입학하는 것이라고 생각하기 때문에 온 가족의 열정적인 지원과 관심이 쏟아진다. 2006년 시행된 입학정원할당제(공무원 선발, 대학 입학정원의 25%를 하층민에서 선발해야하는 제도)덕분에 카스트제도의 붕괴가 빨라질 수 있었다. 신분과 가난을 벗어나려는 치열함이 IIT 학생들의 실력을 낳았다고 해도 무방하다. IIT의 졸업생들은 글로벌 IT기업에서 선호하는 인재로 꼽힌다. 약간의 차이는 있겠으나 IBM 엔지니어의 28%, NASA 직원의 35%, 미국의 의사 15%가 이 대학의 졸업생이라고 하니 그 수준이 얼마나 높은지 실감된다. 미국의 한 교수는 IIT 출신이 실리콘밸리를 인도의

식민지로 만드는 결과를 낳았다며 탄식했다고 한다. 실리콘 밸리의 창업자 중 15%가 이 대학 출신이고 우리가 아는 것처럼 구글, IBM 등의 CEO가 인도인이다. 취업 시즌이 되면 구글, 인텔, 맥킨지 등 세계 최고의 기업들이 앞 다투어 졸업생들을 데려가려고 할만큼 인재영입 경쟁이 치열하다. 한 기업가는 기업의 성공유무를 인도공과대학 출신 인재를 몇명이나 데리고 있는지에 따라 판가름 난다고 말했다.

IIT 학생들의 어떤면이 기업의 사랑을 받는 이유가 되었을까? 미국의 3배가 넘는 인구 중 소수 엘리트가 모인 대학인만큼 지식적으로 타대학 학생들과 비교할 수 없을 정도다. 인도의 IT기업 회장의 아들이 IIT에 들어갈 성적이 안돼 미국의 아이비리그 대학으로 보냈다고 할만큼 수준이 높다. IIT에서 상위권이 아닌 재학생들이 스탠퍼드, 버클리, MIT로 갈 수 있을 만큼 충분한 성적이 된다. 입학시험에서 출제되는 과목은 수학, 물리, 화학 인데 맥킨지와 같은 내로라하는 경영컨설팅 기업에서도 인재들을 탐낸다. 인문, 사회, 경영, 금융과 관련된 일을 하기에도 뛰어난 식견을 자랑하기 때문이다. 전공 지식도 중요하지만 입학할 당시 수학과 물리 같은 순수학문으로 걸러내는게 여러분야에서 인재로 쓰일수 있는 큰 이유가 된다. 수학문제를 풀기 위한 뛰어난 지식을 가진 것보다 오랜 시간 수학을 공부하며 길러진 사고력이 이들의 큰 자산이다. 어릴 때 부터 수학을 공부하는 비중이 크다. 우리는 구구단을 배우는데 인도의 아이들은 기본적으로 19단까지 외운다. 인도인들이 수학을 잘한다는건 익히 알려진 사실인데 하물며 가장 뛰어난 수재들의 집합소인 IIT의 학생들은 오죽할까. 뒤에서 더 살펴 볼 베다수학을 기반으로 수학적 지식을 쌓고 사고력을 키웠을 것이라 생각하니 이런 인재들을 키워낸 인도가 부럽기도 하다. 급변하는 사회문제에 넓은 통찰력으로 문제해결할 수 있는 'FPT'가 기본적으로 내재되어 있을 것 같은 생각이 든다. 숫자 0을 발명하고 미적분학의 기초인 무한급수를 가장 먼저 사용한 나라가 인도다. 구구단이 아니라 19단까지 외우고 어렸을 때부터 숫자 및 수학 능력을 키운다. 수학이 곧 경쟁력이라고 생각하는 나라 중 하나인 셈이다. 높은 지식과 수학적 재능 말고도 IIT학생들은 치열한 경쟁에서 살아남는 법을 안다. 그 많은 인구 중 IIT에 입학할 정도면 다른 설명없이도 이해가 되는 부분이다. 인도 내 문화가 다양하고 언어도 다양하기 때문에 그만큼 내재되어 있는 경쟁력을 높이 살 수 밖에 없다.

IIT 출신 인재를 비롯해 인도인들의 활약이 세계적으로 큰 이슈다.[E] 타임지는 인도의 최고 수출품은 인도 경영자들이라고 할만큼 미국 기업에서 종횡무진 활약중이다. 대표적으로 IBM, 구글의 모기업인 알바벳, 어도비시스템 등 기업의 수장이 인도인이다. 위워크라는 공유부동산 회사에서도 경영난에 빠진 기업을 살릴 희망을 인도인 경영인에 걸었다. 이들 중에는 IIT출신 인재들도 있지만 그렇지 않은 인도인들도 공통적인 역량을 갖고 있다. 위에서 말한 수학적 능력, 뛰어난 경쟁력 등은 물론이고 공통적으로 영어에 능숙하다. 중국인이나 일본인 등 비영어권 국가의 인재들과 비교가 되는 부분이다. 특히 인도인 CEO들

E 치열한 경쟁속 몸에 밴 혁신 리더십 동아 조유라 국제부 기자 2020.02.14

은 다양한 갈등 상황에서 각 조직원들을 융화시키고 분위기를 개선하는데 큰 역할을 한다. 다양한 인종, 종교 등의 사회적 여건때문에 자연스럽게 다양성을 인정하고 이해하는 능력이 키워졌다. 또 기존방식에서 탈피해 새로운 도전을 하는 정신또한 이들을 경쟁력있게 만들었다. '기발한 아이디어로 발생한 문제를 신속하게 해결하는 방식'을 뜻하는 주가드 정신이 이들에게 기본적으로 깔려있다. 인도 내부의 많은 인구가 열악한 환경과 궁핍한 생활을 하고 있는데 이들 스스로 문제해결을 위해 노력하고 기회를 찾으려는 주가드 정신에 입각한 태도를 보이고 있다. 다양한 문제가 발생하는 기업환경에서 이런 주가드 정신이 인도인 CEO에게 나타나기 때문에 많은 인정을 받고 있다. 이들이 가진 능력들 모두 필요한 요소겠지만 그 중 문제해결력에 집중해보려고 한다. 이들의 문제해결력과 관련해서 함께 봐야할 것이 인도인 특유의 수학적 감각이다. 글로벌 기업에서 종횡무진하는 인도인 CEO들은 남다른 수학적 사고 덕분에 알게모르게 First Principle Thinking에 기반한 문제해결력을 길러줬을 것이다. 이런 합리적 의심을 해볼 수 있는 이유를 곳곳에서 볼 수 있다.

몇해 전에 영화 '무한대를 본 남자'가 개봉했다. 인도의 천재수학자 스리니바사 라마누잔의 이야기를 다룬 작품이다. 20세기 최고의 수학천재라고 불릴 만큼 업적이 대단했는데 특히 정수론 분야에서 두드러졌다. 가난한 환경 때문에 우여곡절이 있었으나 수학을 향한 열정으로 자신이 정리한 노트를 유명한 수학자들에게 보내고 영국의 하디가 그의 재능을 알아봤다. 그의 도움으로 라마누잔은 영국 수학협회 정회원이 된다. 그러나 인도인이라는 이유로 배척을 당하고 영국의 문화, 종교, 음식 등 쉽지 않았던 삶은 라마누잔을 32세에 요절하게 만든다. 그의 수학적 감각에 대한 유명한 일화로, 1918년 라마누잔이 입원 중이었을 때 하디가 문병을 왔는데 타고 온 택시 번호가 1729라며 불길하다고 했다. $1729 = 1^3 \times 13^3$ 라며 불길한 의미 숫자 13이 여러번 들어갔다는 이유였다. 그러나 라마누잔은 $1729 = 10^3 + 9^3 = 1^3 + 12^3$으로 나타낼 수 있으며 이렇게 서로 다른 세제곱수의 2개의 합으로 표현하는 방법이 두 가지인 자연수 중 가장 작은수 라고 했다. 폴 에어디쉬라는 수학자가 하디에게 "선생님이 수학계에 한 가장 큰 공헌이 뭔가요?" 라고 물었을 때 "라마누잔을 발견한 것"이라고 할 만큼 라마누잔의 위상이 대단했다. 라마누잔은 증명을 생략하고 결론을 쓰는 경우가 많았다. 스스로는 나마기리 여신이 가르쳐 줬다고 했지만 실제론 그의 천재적 능력으로 봐야할 것 같다. 와이프의 회사에서 일하는 인도인이 회의시간에 보여준 수학적 감각에 놀라곤 했다는데 인도인들에겐 특별한 수학적 재능이 있다. 최근 세계암산대회에서 금메달을 딴 인도인 닐라칸타 바누 프라카시도 마찬가지다. 이들의 특별한 재능의 바탕엔 베다수학이 있다. 우리의 자녀도 베다수학을 통해 충분히 그들 처럼 재능을 키울 수 있다. 자녀가 세계적 기업의 러브콜을 받는 인재, 그 기업들의 CEO가 되는 상상을 해보자.

3 생각하는 힘이 빠진 한국의 수학교육

1 고정관념을 갖게 하는 수학에서 벗어나라

초등학교 고학년이 된 자녀가 어느날 갑자기 "엄마, 나 수학이 너무 재미없어요"라며 하소연을 한다. 이 말을 들으면 엄마가 제일 처음 드는 생각이 뭘까? 주위에 물어보니 '학원을 바꿔줘야 하나?'란 생각을 먼저 한다고 한다. 문제는 학원이 아니라 일방적인 강의식 교육에 있다. 물론 많은 학원에서 우리 자녀와 소통하는 교육이 아닌 강의식 교육을 하기 때문에 학원이 문제란 답도 틀린건 아니다. 초등학교 저학년 때는 잘 모르다가 고학년이 되면서 공부할 양이 많아지고 자연스럽게 이해보다는 암기 위주의 공부 방법을 택하게 된다. 더군다나 수학문제를 푸는 방법을 암기해도 어느 정도까지는 그 방법이 성적을 보장하기도 하기 때문에 그 방법을 바꾸기 쉽지 않다. 수학은 암기가 아니란 걸 알 때는 이미 수학 과목 자체에 고정관념이 생긴 뒤다. 수학은 완벽한 개념이해를 통해 다양한 유형에 접근하는 힘을 길러야 하는데 A는B,C는D 식으로 문제마다의 풀이방법을 정형화 시키려고 한다. 이렇게 고

정관념이 생기면 어려운 문제를 만나거나 신유형의 문제를 만나면 당연히 당황할 수 밖에 없다. 문제풀이는 내가 얼마나 개념을 잘 이해하고 있는지 또는 공부한 개념들을 다양하게 조합하고 활용할 수 있는지 연습해보는게 목적이다. 그 목적을 망각하고 오로지 점수에 신경을 쓰다보니 케이스마다 암기하는걸 택하게 된다. 공부할 때는 암기하는게 더 빠르고 즉각적으로 반응한다고 느낄 수 있는데 인간은 망각의 동물이라 오랜 시간 암기하기 힘들 뿐더러 넘치는 지식들을 다 암기할 수도 없다. 그래서 어렸을 때부터 수학공부를 할 때 개념이해 위주로 방향을 잡아줄 필요가 있다. 처음엔 느린것 같아도 어느 순간 임계점이 되면 그 누구보다 수학을 재밌어하고 잘 하는 아이로 변해져 있을 것이다. 베다수학을 어렸을 때부터 공부하는게 좋은 이유가 학교에서 배우면서 고정관념을 갖기 전에 다양한 사고를 하게 해주는데 있다. 예를들어 초등학교 수학시험에 빈칸 넣기 문제가 나오는 경우가 많은데 이런 문제는 학교에서 배우는 방법 외에 다른 풀이 법을 생각하기 어렵다. 답이 정해져 있어 일말의 다른 생각은 꿈도 못꾼다. 수학의 기초개념인 사칙연산조차 한가지 방법으로 배우는데 어떻게 더 나은 응용력이 생길까. 초등수학은 철저히 열린 사고를 할 수있게 도와주는 교육 목표를 삼아야 한다.

자녀가 유아기 때 부모로서 얼마나 더 많은 경험을 하게 해줄지 고민을 많이 한다. 매일 아이와 나누는 새로운 경험을 하나씩 SNS에 올려서 공유하는 부모들을 보면서 자극을 받기도 하고 영감을 받기도 한다. 매주 주말이 되면 지친 몸을 이끌고 야외로 나가는 것을 의무적으로 생각하는 부모들도 많이 봤다. 아이가 얼굴 찌푸리며 '지금은 싫어요!'라고 말하는 것 같은 표정을 지어도 매일 책읽어주기 미션을 성공시킨다. 요새는 유튜브같은 채널을 통해 영상을 보여주시는 부모들도 많다. 내가 해줄 수 없으니 보고 느끼길 바라는 마음은 이해하지만 남이 하는 경험을 보며 얼마나 아이에게 도움이 될 지는 모르겠다. 이처럼 부모로서의 의무들을 행하려는 이유가 뭘까? 지치고 힘들어도 아이를 위해서 이런 노력들을 하는 이유가 뭘까? 유아기때 다양한 경험들이 아이의 창의력 증진에 도움이 되기 때문이다. 책을 읽어주며 상상력을 키워나가고 자연을 벗삼는 여행지에서는 바람을 느끼고 물의 감촉을 느끼는 등 오감을 자극하는 경험을 하게 된다. 아이와 노는것처럼 집안일을 함께 하고 미역, 밀가루, 야채등을 활용해 직접 요리하는 즐거움을 느끼게 해준다. 이런 경험들이 하나씩 쌓여서 암묵지(언어 등의 형식을 갖추어 표현될 수 없는 경험과 학습에 의해 몸에 쌓인 지식)가 된다. 형식지(언어나 문자를 통하여 겉으로 표현된 지식)는 그때 그때 필요한 만큼 습득하면서 채울 수 있지만 암묵지는 쌓는 시간이 힘이고 경쟁력이 된다. 그래서 어렸을 때 부터 부모들이 갖은 노력을 해가며 아이의 경험 쌓기에 공을 들인다. 과유불급이라 했던가. 아이들이 재밌어하고 기꺼이 따라주는 것이 중요한데 부모의 욕심에 의한 경험쌓기가 되면 창의력 증진시키려다 배움에 대한 반감만 증진 시키게 될 수도 있다.

아이가 흥미를 느끼지 못하는데도 비싼 돈을 서슴지 않고 지불하면서 아이에게 줄 교구를 끊임없이 사는 모습은 흔하다. 심지어 가족처럼 대하지도 못할꺼면서 아이의 정서에 좋다고 반려견을 입양하는 모습도 봤다.

유아기 때는 열정적으로 다양한 경험을 시켜주려는 부모들이 초등학교 입학하기 전후로 많이 바뀐다. 아이들의 생활이 학교-학원-집의 패턴으로 되면서 부모가 개입할 수 있는 물리적인 시간도 줄어든다. 직장 다니느라 어쩔 수 없는 경우가 많지만 집에서 함께 있는 시간 조차 예전의 의무감은 많이 사라진 상태가 된다. 안타깝지만 이렇게 학교와 학원에서 생활하는 시간이 길어질수록 아이들의 창의력은 줄어든다. 4차산업혁명 시대에 걸맞는 교육정책을 펼치고 있는 선진국들과는 달리 한국의 교육은 예나 지금이나 주입식교육 그대로 변함없다. 이제는 찍어내듯 아이들을 성장시키고 교육시키면 안되는 시대가 되었음에도 현실은 그대로 머물러 있다. 교육정책이야 어떻든 우리아이는 변화의 중심에 서게하고 상황에 맞는 문제해결력을 보일 수 있도록 키워야 한다. 모난 돌이 정 맞는 시대가 아니라 모난 돌이 인공지능의 지배를 받지 않으며 살아갈 수 있는 시대가 되었다. 평범한 돌들이 인공지능이 습득한 지식과 패턴의 알고리즘에 의해 지배 되는 것이다. 알파고와 바둑대결을 한 이세돌이 1승을 거둘 수 있었던 이유는 모난 돌처럼 두었던 '한 수'에 있다. 인공지능이 예측 할 수 없는 창의력을 가진 아이로 키워야 한다.

학창시절에 학원을 다녔던 기간이 통틀어 1년도 안되는 것 같다. 그때도 EBS교재와 강의가 있었지만 제대로 들었던 기억이 없는거 같다. 학원이나 EBS강의는 내가 공부하는 시간을 빼앗는 생각이 들었다. 나의 이해 속도에 맞게 공부하는 것이 좋았지 다른 학생들과 같은 속도로 떠먹여 주는 강의를 듣기 싫었다. 아는건데 듣고 있는 시간이 아까웠고 문제를 풀어주는 시간이 아까웠다. 배우지 않은 부분을 개념이해 하기 위해 듣는 강의라면 모를까 문제푸는걸 듣고 있는게 결코 바람직하지 않다는 생각을 했다. 일타강사의 강의를 듣는게 클릭 몇 번이면 가능한 요즘도 가끔 그런 생각을 한다. 시험에 나오는 문제를 풀어내는게 대입에 중요하니까 어쩔수 없겠다 싶다가도 문제에 적용할 수 있는 개념 이해를 완벽히 하는것이 더 중요하단 생각으로 귀결 된다. 낚시를 배우는 학원이 있다고 할 때 광어를 낚는 법, 우럭을 낚는 법, 붕어를 낚는 법 등을 배우고 수백, 수천가지 어종이 사는 망망대해에 던져진 것과 같은 느낌이다. 장소, 미끼, 수온, 시간 등 기본적으로 낚시 할 때 알아야 하는 개념 이해 없이 광어 낚는 법 하나 배우고 바다 낚시를 하러 가면 얼마나 허송세월을 하게 될지 물보듯 뻔하다. 물론 허송세월하는걸 좋아하는 사람은 예외다. 여튼 수학 점수가 잘 안나온다고 문제를 잘 풀어주는 강의를 찾아 듣는 다면 시간을 낭비하고 있는 것이니 꼭 말려주었으면 좋겠다. 차라리 그 강사가 가르치는 개념이해를 위한 강의가 있다면 그걸 듣는게 더 낫다. 안그래도 개념이 약한데 문제풀이 강의를 들으면 더욱 수학에 대한 고정관념이 커질 수 밖에 없다. 문제를 푸는 여러 방법을 생각해 보는 시간을 갖는 것이 중요하다. 이렇게도 풀 수 있고 저렇게도 풀 수 있구나하며 느껴보는게 중요하다. 그냥 강사가 알려주는 풀이가 전부인마냥 듣는 다면 수학을 암기로 공부하는 것이다. 수학을 이해로 공부해야 다양한 문제 해결력을 갖고 사회에서도 적용시키며 살아갈 수 있다. 꼭 고정관념을 깨려는 노력을 해야한다.

미국 하버드대에서 고정관념이 실제 지적인 과제를 수행할 때 영향을 미친다는 실험을 했다. 어려운 수학문제를 푼다고 생각하고 실험에 참가한 학생들은 '당신 가족은 몇 세대째 미국에서 살고있는지' 등과 같은 출신에 대한 질문을 하고 문제를 풀었다. 다른 한 집단에서는 '공동기숙사에서 지내는지 여성 전용 기숙사에서 지내는지'와 같은 성별을 떠올리게 하는 질문을 했다. 결과는 '여자는 수학에 약하다'라는 고정관념을 교묘하게 떠올리게 한 두번째 집단에서의 정답률이 낮았다. 반대로 '어려운 수학시험에서 성별에 따른 성적 차이가 없다'는 말을 들은 여학생 집단과 듣지 못한 여학생 집단의 실험결과는 전자가 훨씬 높은 점수를 나타냈다. '베다수학'을 아는 사람들에게 베다수학이 뭐냐고 물으면 어떤 대답을 할까? 제일 많이 듣는 말이 베다수학은 빠르다, 쉽다, 신기하다 등이다. 고정관념 실험에서 봤듯이 사람들은 기저에 갖고 있던 생각이 삶의 태도, 성적, 성과 등에 큰 영향을 끼친다. 베다수학에 대해 갖고 있는 일반적인 생각들은 수학 공부할 때 어떤 영향을 끼칠지 안봐도 눈에 훤하다. 아이들이 베다수학을 통해 스스로 얼마나 수학에 대한 자신감을 갖게 될지, 재밌어 할지 상상만 해도 뿌듯하다.

2

수학을 못한다면 베다수학부터 시작하라

날 찾아오는 학부모들에게 깊은 고민을 듣곤 한다.

"우리애가 다른 건 곧잘 하는데 수학을 잘 못해요. 동네에서 유명하다고 하는 학원을 보내는데 왜 성적이 오르지 않죠? 다른 과목도 잘 못하면 공부에 소질이 없구나 할텐데 수학만 못하니까 너무 답답하네요."

"그럼 베다수학을 먼저 가르쳐주세요."

예나 지금이나 답답함을 호소하시는 분들이 많다. 그분들의 자녀들은 나이도 어리다. 그런데도 벌써 부터 수학을 못한다고 느끼며 좌절하는 모습을 생각하면 참 안타깝다. 한국에선 수학에 흥미를 느끼게 하거나 충분히 고민해보면서 문제에 접근하는 식의 학습이 어렵다. 조금만 뒤처져도 시험 점수가 확 떨어지기 때문이다. 수능이라는 단기레이스에 노출 된 자녀들은 본인들의 역량에 관계없이 강제로 전력질주 해야만 하는 굴레에 갇혀있다. 그러다 보니 자신들의 수준을 파악하며 단계단계 밟아야 하는 수학공부는 없고 학교나 학원에서 떠먹여 주는 공부만 남게 되었다. 누군가는 그 속도에 맞춰 잘 따라갈 것이고 누군가는 버거워 하며 스스로 자책하는 지경에 이르게 된다. 공부는 앎에 대한 즐거움을 느껴야 하는 것이지 억지로 해서는 나중에 남는것도 없다. 한국에서 자녀들은 어쩔수 없이 재미없는 수학공부 레이스에 자동적으로 참가하게 된다. 그 레이스를 지켜보며 수학에 대한 고민을 갖고 찾아 온 학부모께 항상 조언하는 말들이 있다.

자녀의 수준이 어떤지 객관적으로 알아보고 레이스에서 뒤처지기 시작한 시점을 찾아낼 것
지금까지 해온 것처럼 공부하면 앞으로도 똑같다는 사실을 인지하고 자녀의 속도에 맞는 레이스를 시작할것
기초가 탄탄해지고 흥미가 생기면 자연스럽게 가속도가 붙으니 조바심내지 말것
한 단계씩 실력이 향상될 때마다 칭찬을 아끼지 말것
잘하든 못하든 베다수학을 익힐것

이렇게 말씀드리고 동의가 되면 시간을 두고 학생의 수준을 면밀히 파악한다. 학생들을 분류해보면 중고등학생의 경우 주입식 교육에 익숙하다보니까 개념 하나하나를 뜯어보고 이해하고 자기것으로 만드는 시간이 부족해서 수학을 잘 못한다. 초등학생들은 기본적인 사칙연산을 배울 때 부터 흥미를 느끼지 못하니까 점점 더 잘 하기 힘들다. 수학은 본질적으로 흥미를 느껴야 하는 학문이다. 어떤 문제를 해결하고 흥미를 느끼면 그 다음 단계로 나아가고자 하는 욕구가 생기는데 이를 충분히 만족시켜주는 학문이 수학이다. 이런 욕구를 충족시켜주고 흥미를 유발 시킬 수 있는 동기만 부여되면 그 뒤엔 일사천리다. 그래서 베다수학을 먼저 공부해야 한다.

☑ 수학의 기본을 튼튼하게 해주는 베다수학

학생들 뿐 아니라 수학관련된 시험을 보는 사람이라면 베다수학을 통해 기본기를 쌓는게 좋다. 결국 시험이란게 주어진 시간에 정확이 많이 풀어서 높은 점수를 받는게 목표인데 베다수학은 목표에 가까워 질 수 있도록 돕는 훌륭한 도구가 된다. 베다수학을 공부하면 수학에 대한 흥미자체도 생기지만 어떤 수학시험에서도 역할을 다하는 탄탄한 기본기를 얻게 된다.

몇해 전 모임을 통해 볼링을 배우게 됐다. 처음엔 그냥 볼링공만 가운데로 잘 던지면 되는 줄 알았는데 잡는법, 던지는 위치, 레인상태 등 많은 변수를 따져야 했다. 그럼에도 잘 치는 사람들의 한결같은 얘기는 자세 였다. 일단 자세를 잘 배우면 평균 이상은 나온다는 말을 했다. 1년 이상 다른 사람들의 지적과 함께 보기에도 괜찮은 자세를 몸에 익히면서 평균점수도 올라갔다. 어디에서 쳐도 비슷한 점수가 나올 수 있는 '기본기'가 익혀진 것이다.

베다수학이 볼링에서의 '자세'와 같다. 베다수학을 공부하면 어떤 수학 시험에서든 힘을 발휘할 수 있는 자세가 체득될 수 있다. 이렇게 기본기가 익혀진 뒤에는 어떤 기술을 익히든 습득이 빠르고 이해도 빠르다. 공부하면 하는 족족 이해가 되고 체득이 된다면 얼마나 즐거울지 상상해보라. 자녀들에게 필요한건 유명한 문제풀이 강의가 아니라 베다수학공부고 개념의 확실한 이해다. 이런 수준이 되면 공부속도가 무섭게 빨라진다. 고2때까지 반에서 중간이하의 성적을 유지했던 학생이 고3때 1등급을 받는 케이스를 주변에서 볼 수 있지 않은가.

☑ 성장 가능성은 기본기에서 나온다

다큐멘터리 '손세이셔널'에서 손흥민은 "기본기가 있는 사람이 성장할 가능성이 있다고 볼 수 있다"면서 "기본이 제일 중요하다. 기본이 되지도 않았는데 다음을 생각하는 건 말도 안 된다"고 했다. 그는 아버지 손웅정 감독과 어린시절 6년간 기본기를 다지는 훈련을 했다. 이런 기본기를 통해 손흥민은 세계최고리그에서 인정받는 선수가 되었다. 운동뿐 아니라 공부에서도 마찬가지다. 기본을 잘 다져야 시험에서 어려운 문제도 풀어낸다. 어려운 문제를 접하면 대부분의 학생들은 당황 하기 마련이다. 머릿 속에는 각종 공식들이 떠 다니는데 어떤 공식을 갖다 써야할지 잘 매칭이 안된다. 공식은 맞는거 같은데 써보려니 막상 써지지도 않는다. 이런 경험을 하고 나면 점점 더 높은 단계의 수업을 찾게 된다. 마치 강의를 들으면 나도 풀 수 있을것 같아지기 때문이다. 하지만 이같은 행위는 수업시간에 다루는 문제에 대해 '들었다' '본거 같은데?'란 생각만 가져다 줄 뿐 풀 수 있는 실력 자체가 늘지 않는다. 오히려 어디서 부터 잘못되었는지 면밀히 파악하는 시간이 필요하다. 기본기가 무너진 그 순간 말이다.

☑ 수학이 즐거워지는 베다수학

다른 인문계열 과목에 비해 수학은 '포기'란 말이 쉽게 붙는다. 수학만큼 쉬운 과목이 없는데 '포기'는 가당치 않다. 자녀들의 수준에 따라 절대적인 시간은 차이가 있겠지만 단계마다 이해를 하고 넘어가면 참

쉬워지는게 수학이다. 그 단계별 학습에서 정말 큰 힘을 발휘하는게 베다수학이다. 수학을 잘 하든 못하든 베다수학은 즐거움을 준다. 하나하나 배워가면서 왜 이제야 이런걸 알았나 싶다. 나만 알고 싶다는 우스개 소리가 절로 나온다.

유독 수학을 쉽게 포기하는 학생들이 많다는 것은 그만큼 국가경쟁력도 뒤떨어진다는 것을 의미한다. 인문계, 자연계 구분 없이 수학적 사고방식을 요구하는 시대에 어떻게 수학에 흥미를 느끼게 할지 고민해야한다. 주입식 교육의 환경에서는 차분하게 시간을 들여서 이해하는 과정을 갖기 어렵다. 스스로 이해하는 과정을 거쳐야 하는데 암기하는 쪽을 선택한다. 이해보다 암기가 쉽기 때문이다. 그러다 보니 가르치는 입장에서도 이해를 요구하거나 보다 쉽게 이해할 수 있는 개념들을 연구해서 학생 개개인마다 응용력과 사고력을 키우도록 해야하는데 그냥 일방적으로 전달한다. 교사는 단순히 지식전달하는게 편하고 학생은 주는 지식을 받아먹는게 편하다. 교사와 학생간의 씁쓸한 타협이 주입식 교육을 유지, 지속케 하는 이유라 해도 과언이 아니다. 급할수록 돌아가라는 말처럼 본인의 수준을 잘 파악해서 다시 시작하면 된다. 수학에 있어서는 베다수학을 통해 분명 흥미를 느끼고 즐거움을 느낄 수 있다.

3 수포자 자녀를 둔 학부모에게

'유독 미련이 남았다. 잡힐듯 잡히지 않았다. 고학년이 되면서 수업 시간엔 졸기 일쑤였고 시험시간엔 푸는 문제보다 모르는 문제가 많았다. 좋아했던 수학이 언제부터 이렇게 피하고 싶은 과목이 되었는지 모르겠다. 생각해보면 중학교 때 한 번 수업 속도를 놓치면서 점점 멀어져 갔던것 같다. 다시 돌아간다면 학교나 학원에서 가르쳐주는 속도를 따라가려고 하지 않을테다. 하나하나 단계를 밟아가며 이해를 해야하는 수학을 너무 안일하게 생각했던 것 같다. 수학을 시험성적으로만 바라봤기 때문에 포기가 빨랐다. 수학 자체에 흥미를 가지려고 했다면 흔히 말하는 창의적 사고를 키울 수 있지 않았을까. 성인이 돼서 다시 공부하는 수학은 즐겁다.' 수포자 였던 지인과의 대화를 각색했다. 수학으로도 힐링이 가능하다며 갖고 있던 베다수학 교재를 줬는데 재밌게 공부하고 있었다. 요새 교양으로서의 수학의 인기가 뜨겁다. 각종 수학서적이 베스트셀러가 되고 수포자였던 성인들도 수학을 찾고 있다. 이유야 여러가지가 있겠지만 학창시절에는 수학을 싫어했던 사람들이 성인인 지금 흥미를 갖게 된건 시험이란 굴레를 벗어난 이유가 크다. 마음 편하게 책을 읽고 문제를 풀어볼 수 있다. 이해가 안되어도 쫓기지 않는다. 성적의 스트레스도 없고 수학 본연의 매력을 느낄 시간적 여유도 있다. 아마도 공부한 내용을 테스트 해보면 학창시절에 왜 포기했나 싶을 정도로 점수가 좋을 것이다. 우리 자녀들도 성인이 되어 후회 하지 않게 할 수 있다. 더 나아가 수학을 본인의 경쟁력으로 만들

수도 있다. 자녀들의 마음가짐을 성인이 되어 수학을 공부하는 마음처럼 만들어 주면 된다.

한국교육과정평가원이 최근 발표한 '초·중학교 학습부진 학생의 성장과정에 대한 연구(II)' 보고서에 따르면 초등학교 3학년 때 부터 수포자의 길에 들어 선다. 그 전까지는 쉬운 내용을 배우니까 그런 맘이 안생기다가 3학년 때 분수 단원을 배우면서 수학을 향한 부정적인 마음이 생긴다. 한참 새로운것을 배우면서 흥미를 느껴야 할 나이에 포기하는 마음부터 배울 것을 생각하니 안타까운 마음이 컸다. 아이에 따라서 이해하는 시간이 다르기 때문에 같은 수업을 듣는다고 똑같이 잘할 거라 생각하면 오산이다. 피아노, 태권도, 미술, 영어, 수학, 논술토론 이렇게만 보내도 6개의 학원을 왔다갔다 해야하는데 자기만의 속도에 맞게 이해하는 시간이 있을까 싶다. 그러다 보면 한번 놓친 수학은 계속 놓치기 쉬워진다. 나중에 이해하려면 훨씬 시간이 많이 필요하게 된다. 지금 이순간, 우선순위를 정하고 충분히 이해시키면서 나아가야 한다. 2019년 교육부 자료에 의하면 중3중 11.8%가 수학 기초학력에 미달된다고 조사됐다. 우리의 자녀는 잘 이해하고 있을까?

#초등학교 수학단원 ■ 수와 연산관련 - 표 1

1학년		2학년	
1학기	2학기	1학기	2학기
1. 9까지의 수	1. 100까지의수	1. 세자리 수	1. 네자리 수
2. 여러가지모양	2. 덧셈과뺄셈(1)	2. 여러가지도형	2. 곱셈구구
3. 덧셈과 뺄셈	3. 여러가지모양	3. 덧셈과뺄셈	3. 길이재기
4. 비교하기	4. 덧셈과뺄셈(2)	4. 길이재기	4. 시각과 시간
5. 50까지의 수	5. 시계보기와 규칙찾기	5. 분류하기	5. 표와그래프
	6. 덧셈과뺄셈(3)	6. 곱셈	6. 규칙찾기

3학년		4학년	
1학기	2학기	1학기	2학기
1. 덧셈과 뺄셈	1. 곱셈	1. 큰 수	1. 분수의 덧셈과 뺄셈
2. 평면도형	2. 나눗셈	2. 각도	2. 삼각형
3. 나눗셈	3. 원	3. 곱셈과 나눗셈	3. 소수의 덧셈과 뺄셈
4. 곱셈	4. 분수	4. 평면도형의 이동	4. 사각형
5. 길이와 시간	5. 들이와 무게	5. 막대그래프	5. 꺾은선 그래프
6. 분수와 소수	6. 자료의 정리	6. 규칙찾기	6. 다각형

5학년		6학년	
1학기	2학기	1학기	2학기
1. 자연수의 혼합계산	1. 수의 범위와 어림하기	1. 분수의 나눗셈	1. 분수의 나눗셈
2. 약수와 배수	2. 분수의 곱셈	2. 각기둥과 각뿔	2. 소수의 나눗셈
3. 규칙과 대응	3. 합동과 대칭	3. 소수의 나눗셈	3. 공간과 입체
4. 약분과 통분	4. 소수의 곱셈	4. 비와 비율	4. 비례식과 비례배분
5. 분수의 덧셈과 뺄셈	5. 직육면체	5. 여러가지그래프	5. 원의 넓이
6. 다각형의 둘레와 넓이	6. 평균과 가능성	6. 직육면체의 부피와 넓이	6. 원기둥, 원뿔, 구

'표1'에서 보듯 초등학교 수학단원 중 반 이상이 수와 연산과 관련되어 있다. 초등학교 저학년 때는 거의 연산에 치중된 만큼 흥미를 느끼

게 해주면서 교육시키는 것이 필요하다. 3학년 때 부터 수포자가 생긴다고하니 개념을 이해하고 넘어 가도록 충분한 시간을 가져야 한다. 사칙연산에서도 실력차가 날 수 있어 자녀의 수준에 맞는 학습이 중요하다. 초등학교 고학년이 되면 수학에 대한 관점이 명확해 지기 시작한다. 이 시기에 조급하게 생각해서 중등 수학과정을 무리하게 가르치다 보면 더욱 수학을 멀리하는 계기가 될 수 있다. 초등학교 수학을 수와 연산, 도형, 자료해석 등으로 구분해서 단원에 대한 이해도를 파악하고 집중 학습을 시키는 것이 좋다.

"엄마, 수학이 재미 없어요"

"수학 때문에 문과로 갈래요"

"수학은 왜 공부하는지 모르겠어요"

이렇게 우리 자녀가 수학을 포기의 대상으로 바라보면 어떻게 해야 할까? '지금 다니는 학원이 별론가?' '학원말고 과외를 시켜줘야하나?' 라는 생각을 한다면 크게 잘못된 방향이다. 학원을 옮겨도 과외를 해줘도 결과는 같을 확률이 높다. 근본적으로 자녀의 수준이 어느정도인지 현실적으로 파악해보고 초중고 수학 단원들 중 어디서 부터 개념이해를 못하고 왔는지 알아야 한다. 실제로 학원에서 이루어지는 레벨테스트는 자녀의 수준을 정확히 잡아내기 어렵다. 실력차가 촘촘하지 못한 우열반으로 나눌것이 아니라 자녀가 놓친 부분 부터 다시 시작해야한다. 당장 시험 점수를 올리는데 혈안이 되어 학원을 옮기는 등의 방법으로 해결하려고 한다면 똑같은 현상이 반복될 것이다. 학원이든 과외든 홈스쿨링이든 우리 자녀의 현 상황을 정확히 파악하는게 우선이다.

그 시점부터 하나하나 잡아줘야 수학실력이 상승한다. 당장 약을 먹어서 아픔을 잊는 것도 중요하지만 근본적으로 운동이나 체질 개선을 통해 건강을 되찾는게 우선인 것과 같은 원리다. 바로 코앞의 수학 시험 성적만 바라보면 자녀는 또 수학으로 아파 할 확률이 높다.

자녀가 수학으로 신음할 때 베다수학을 가르쳐 보자. 흥미를 갖기에 이만한 방법이 없다. 친구들 보다 빠르고 정확하게 푸는 것이 우월감을 느끼게 하고 자신감을 부여한다. 이 작은 마음상태 하나가 수학에 대한 관심을 높이고 더 잘하고 싶게 만든다. 친구들이 물어보는 대상이 되면 자녀는 더욱 잘하게 된다. 가르치면서 실력이 일취월장하기 때문이다. 초등학교 수학의 반 이상이 사칙연산이기 때문에 베다수학을 잘 배우면 그만큼 시간적 여유가 생기고 수학적 사고가 자란다. 기초가 많이 부족하면 3~6개월 정도 베다수학을 공부한 뒤 정규과정을 공부해도 좋고 정규과정에 추가적으로 배워도 좋다. 어떻게 공부하던 베다수학은 플러스 알파 이상이지 이하가 아니다. 초등학생처럼 처음부터 베다수학을 익혀서 정규과정 풀이법보다 베다수학이 먼저 적용되도록 익숙해지는게 좋다. 중등이상이라면 정규과정때 배운 것들이 익숙할텐데 베다수학을 통해 훨씬 더 정교하고 쉽고 빠른 방법들을 익히는게 중요하다. 이 책을 읽는 순간의 나이는 중요하지 않다. 지금 부터 베다수학을 익히고 내것으로 만들면 된다. 자녀를 위해서든 나를 위해서든 베다수학은 공부하는 시간을 투자할 만한 가치가 충분하다. 무협소설에서 볼 수 있는 무림 고수의 절대권법이 담긴 책처럼 베다수학도 막강한 힘을 얻을 수 있게 해준다. 나만의 비기로 베다수학을 익혀야 한다.

포스트코로나 시대에 학습격차가 커지는 것에 대한 우려가 나오고 있다. 상위권 학생들은 꾸준히 잘할테지만 그 이하 학생들은 더욱 기초 학력이 부진해진다. 실제로 6월 수능 모의평가에서 상위권과 하위권의 격차가 벌어지고 중위권수가 줄었다. 원격수업이나 온라인 강의만으로는 개념을 배우고 확장시키는게 어려운 이유다. 시간적 여유가 되는 부모가 홈스쿨링을 하더라도 교육전문가가 아니기 때문에 한계가 있다. 한 설문조사에서 교사들이 온라인 수업과 오프라인 수업을 적절하게 보완하는 '블렌디드 러닝'이 대세가 된다고 했다. 그럼에도 온라인 수업이 대면수업보다 집중력이 떨어지기 때문에 효과가 좋지 않음을 알고 있는 교육자들의 고심이 깊다. 많은 학생들이 갈피를 못잡고 격차가 벌어지는 시기에 베다수학을 통해 수학 실력을 높이고 더 앞서가는 지혜가 필요하다.

4

SKY를 가기 위한 수학에서 글로벌기업의 CEO를 만드는 베다수학으로

교육에 관해 관심이 있는 학부모라면 책이든 기사든 '4차산업혁명'과 관련지어 생각해봤으면 좋겠다. 하루만, 아니 단 몇 분만 검색을 해봐도 한국 교육의 심각성을 느낄 수 있다. 느끼지 못한다면 매우 관조적 태도도 삶을 살거나 시대적 흐름을 전혀 인식하지 못하고 있을 가능성이 높다. 물론 삶이 고되서 자녀 교육까지 생각할 겨를이 없을 수도 있다. 그러나 부모로서 자녀가 자립하고 본인의 삶을 살아갈 수 있게 도와줘야 하는 의무를 지켜야 하지 않을까. 농경사회, 공업사회, 인터넷 사회등을 거쳐 4차산업혁명이라는 거대한 흐름을 몸소 느끼고 자녀가 인공지능과 로봇에 대체되지 않도록 성장시켜야 한다. 계속해서 4차산업혁명과 자녀교육을 이야기 하는건 내가 느낀 위기감을 독자들에게도 가닿기를 바라는 마음에서다. 주위사람에게 물어봐도 제대로 인식조차 없고 그저 여지껏 살던대로 키우던대로 자녀교육을 하기에 급급하다. 피부에 와닿지 않지만 우리는 거대한 흐름 한가운데 있다는 사실과 왜 위기감을 느껴야 하는지 등을 얘기하면 그때서야 "그럼 어떻게 해야해?" 라고 묻는다. 내 대답은 아주 쉬운 방법을 안내하는 것으로 시작한다. "베다수학을 공부하게 해줘"

2013년 일본은 전격적으로 국제 바칼로레아를 공교육에 도입했다. IB(국제 바칼로레아)는 스위스 제네바를 기반으로 설립된 교육기관으로 세계 각국의 대학에서 이곳의 시험 성적을 인정해주고 있다. 4차산업혁명을 대비하는 교육정책으로 IB의 교육과정을 공교육에 도입하는 선진국이 많은데 이곳의 모든 평가가 학생의 스스로 생각하는 힘을 측정하는데 중점을 두고 있기 때문이다. 실제 출제되는 시험문제를 보자.

"시간은 문학 작품의 중요한 주제이다. 시간은 '미래를 위한 희망', '잃어버림과 슬픔', '추억의 중요성' 등 인간에게 있어서 아주 중요한 부분이다. 공부했던 작품 중에서 시간의 중요성에 대해서 논하시오."(국어) A

"한 국가를 예로 들어 산업화가 삶의 수준과 근로 조건에 미친 영향을 분석하시오."(역사)

"서로 다른 전통들을 되새기기 위해 시청에서 전통복장을 입고 참여하는 파티를 개최합니다. 당신의 친구에게 당신이 어떤 의상을 택했고, 왜 그걸 택했는지 알려주는 e메일을 쓰시오."(외국어)

이런 시험문제는 얼마나 더 많이 암기했는지 빨리 풀어야 하는지를 요구하지 않는다. 평소에 시험 성적을 위해 사교육을 받을 필요도 없다. 이런 문제의 정답을 학원이나 과외에서 알려줄 수가 없기 때문이다. 4차산업혁명 시대에는 지식를 암기 잘하는 사람이 성공하는 시대

A 정답보다 생각 쓰는 '바칼로레아' 국내 도입될까 경향신문 김경학 기자 2017.09.24

가 아니다. 지금까지는 어떤 시험이든 암기를 잘하면 좋은 성적을 받을 수 있었고 성적이 성공을 대변하기도 했었다. 그러나 4차산업혁명 시대는 아무리 암기를 잘하는 사람이 있어도 인공지능에 비할바가 못된다. 입력된 지식을 활용하는것은 물론 진화시킬수도 있는 인공지능의 발전은 지금까지의 교육 방식을 무의미 하게 만든다. 그래서 많은 국가에서 서술형, 논술형 시험을 도입하고 생각하는 힘을 기르기 위한 노력을 하고 있는 것이다. 어떤 문제에 대해 과목별 지식의 경계를 허물고 서로 융합하고 재창조하여 해결할 수 있는 방안을 모색할 수 있는 능력이 요구된다.

어떤 다큐멘터리에서 서울대 학생들의 공부하는 모습을 본 적이 있었다. 한국 최고의 대학에서 학생들은 어떻게 공부를 하고 있을까? 미국의 아이비리그 학생들처럼 교수님과 열띤 토론을 하며 학습하는 모습을 상상할 수 있을까?

TV속 학생들은 마치 고등학교의 연장선인것 처럼 공부를 하고 있었다. 수업시간에는 질문 한번 하지 못하고 그저 교수님이 칠판에 적는 내용을 따라 쓰기에 급급했고 심지어 한마디 놓칠새라 녹음을 하며 일방적인 지식전달의 시간을 보내고 있었다. 창의력, 사고력, 재창조의 능력을 열심히 배양해도 모자랄 시간에 누가 더 암기 잘하나 식의 시간을 보내고 있는 학생들이 그저 안타까워 보였다. 이렇게 졸업한 학생들이 원하는 의사, 변호사, 회계사 등 각종 전문직과 공무원 등은 인공지능으로 대체될 랭킹 상위의 직업들이다. 당장은 좋아보여도 시대의 큰 흐름 앞에선 대처하고 대비하는 사람만이 살아남게 된다. 우리 자녀가 생각하는 힘을 기르며 자라야 하는 이유다. 지금껏 SKY를 보내기 위한 수학 공부를 시켰다면 이제는 달라져야 할 때다.

각계 전문가들이 4차산업혁명 시대에 가장 중요하게 말하는 부분이 수학교육이다. 빅데이터, 프로그래밍, 인공지능개발 등 수학적 지식을 요하는 것도 많지만 수학 학습을 통한 사고력 향상에 더 무게를 둔다. 개념을 이해하고 문제를 풀며 다양하게 생각하는 과정이 4차산업혁명 시대에 넘치는 지식과 정보를 융합하고 재창조하는 과정과 닮았다. 암기한 지식을 1차원적으로 표출하는 시대가 저물고 다양한 상황에서 적합한 문제해결력을 발휘해야 하는 융합의 시대가 왔다. 객관식 문제의 답을 찾는 연습에서 벗어나 문제해결을 위한 개념이해가 얼마나 되어 있는지 평가할 수 있어야 한다. 뇌는 쉽고 익숙한 방향으로 이끌기 때문에 스스로 모르는 부분을 찾고 공부하려고 하는 힘든 과정을 거쳐야 한다. 생각하는 힘을 기르려면 쉬운길을 선택하지 않으려는 인내의 시간이 필요한 것이다. 이런 연습이 공부하는 시간 내내 지속된다면 사회에 진출했을 때에도 주도적인 삶을 살 수 있게 된다. 생각하는 힘이 남다른 테슬라, 구글, 알리바바, 애플, 아마존 등 글로벌 기업들의 CEO들은 그 역량을 맘껏 펼치고 있다. 앞서가는 기업을 경영하려면 번뜩이는 아이디어, 인력관리, 통찰력 등 많은 요소들을 갖고 있어야 겠지만 무엇보다 중요한건 문제 해결력이다. 기업도 살아있는 유기체와 닮아서 매순간 사회적 변화에 능동적으로 대처할 수 있어야 한다. 수많은 변수가 생겨도 헤쳐나갈 수 있는 문제 해결력이 있어야 계속해서 앞서 나갈 수 있는 것이다. 어떻게 이런 역량을 기를수 있을까 자문해보면 세계각국에서 국가 경쟁력으로 삼는 수학공부를 하는게 제일 빠르고 쉽다는 생각을 하게 된다. 얼마나 간단한 방법인지 모른다. 수학공부를 하면 자연스럽게 문제해결력이 생긴다. 수학에서도 특히 '베다수학' 말이다. 이렇게도 풀 수 있구나란 생각을 하게 되는것 자체가 사고의 확장이고 문제해결력이 길러지는 순간을 확인하는 것이다.

앞서 한국의 주입식 교육을 얘기했는데 글로벌 기업의 CEO를 만드는 공부를 하고 싶다면 과감히 기존 방식을 탈피해야 한다. 12년 동안 생각을 가두는 초,중,고 학생시절을 보내며 학생들의 행복지수는 OECD국가중 최하위권에 머물게 되었다. SKY에 입학하기 위한 부모들의 열정때문에 안타깝게도 많은 아이들이 꿈도 없고 즐거움도 없는 삶을 살고 있는지 모른다. 스스로 학습의 의미를 깨닫고 원하는 공부를 찾아서 하는게 중요한데 지식도 떠 먹여 주는 것만 먹는 등 지나치게 수동적으로 자라고 있다. 무엇을 하고 싶은지 무엇을 공부하고 싶은지 본인이 생각하는 대로 이끌어 나갈 수 있는 능동적인 사고를 만들어줘야 한다. 한국에서 사는 한 어쩔 수 없다고 생각할지도 모른다. 교육체계가 한번에 확 바뀌지 않는 한 기존의 방식을 따를 수 밖에 없다고 할지도 모른다. 다시 말하지만 지금까지는 그런 방식이 통했다. 향후 몇 년간 더 통할지도 모르겠다. 분명한 건 거대한 태풍이 오고 있고 점점 빨라지고 있기 때문에 미연에 대처를 해야 한다는 것이다. 쉬운 준비 방법이 있는데 나중에 후회하지 말자. 우리 자녀는 충분히 글로벌 기업의 CEO가 될 수 있다.

5

인공지능 시대에 도태되는 한국교육

"5년 내 AI가 인간보다 똑똑해진다"고 일론머스크가 경고했다.[B]

일론 머스크는 인공지능이 인간을 넘어서는 상황을 위험으로 느끼고 대처 할 방법을 찾아야 한다고 말했다. 실제 산업 전반에 걸쳐 인공지능이 활용되고 있는데 혁신을 선도하는 테슬라에서도 AI가 인간보다 더 똑똑해지는 상황으로 가고 있다고 확신 했다. 또한 최대 관심사가 이세돌과 바둑대결을 한 알파고를 개발한 곳으로 유명한 구글의 '딥마인드'라 밝혔다. 적절한 경고에 맞게 머스크의 자녀들은 본인이 만든 학교 '애드 아스트라'에서 공부하고 있다.[C] 여기선 STEM(과학,기술,공학,수학) 중심의 학습과정을 거치고 인공지능과 로봇공학도 중요하게 학습되어 진다. 성적과 학년도 없다. 이곳에서 아이들은 의문을 갖고 문제를 해결하기 위한 공부를 한다.

여기저기서 인공지능에 대한 위기의 목소리가 나오고 있다. 인공지능이 인간을 넘어서는 상황을 왜 위기로 느끼는 것일까? 인간이 설 자리가 없어진다는게 대표적 이유다. 새로운 일자리가 생기겠지만 사라지는 일자리가 더 많을 것이다. 열광적으로 원하는 전문직은 과연 어떨

B "5년 내 AI가 인간보다 똑똑해진다"-일론머스크의 경고. 한국경제 김정은 기자 2020.07.30

C 엘론머스크가 세운'비밀학교'를 알아보자. 더블링 에디터 원아림 2019.03.18

까? 수술을 잘 하는 명의사들의 손은 인공지능이 탑재 된 로봇으로 대체될 것이며 회계사는 물론이요 변호사, 판사들도 방대한 법 지식으로 무장한 인공지능으로 대체될 것이다. 이런상황에선 서로 남은 일자리를 차지하기 위해 경쟁이 극에 달한다. 살아남지 못하고 도태되는 잉여 인력들은 당연히 소득이 줄고 사회 구성원으로서 제 역할을 하기 힘들어진다. 그로 인해 경제 불평등은 더욱 커지고 경쟁력 없는 인간은 인공지능의 지시를 받게 된다. 이런 사례들을 미뤄보아 주위에서 쉽게 발견할 수 있는 인공지능의 발전이 무조건 달갑지만은 않아질 것이다. 그럼에도 불구하고, 인공지능에 대한 경각심이 와닿지 않는다면 부모의 잘못 된 인식으로 우리의 자녀는 인공지능의 시대에 잉여인력으로 남게 될 확률이 높다.

인공지능과 한판 붙어보자. 2016년 이세돌은 바둑으로 알파고에 졌고 게리 카스파로프는 체스로 딥블루에 패했다. 그 둘은 인간이 절대 질 수 없다고 여기던 영역였다. 퀴즈 대결도 해보자. 인공지능 엑소브레인에 참패했다. 포커는 인공지능 클라우디코에 졌다. 지난 2019년 8월29일 알파로 경진대회에서 계약서분석, 자문력을 겨뤘고 변호사팀에 압승했다.[D] 인공지능은 앞으로 점점 더 진화하여 무조건 인간을 이기는 분야가 기하급수적으로 늘어날 것이다. 이건 팩트다. 더 많이 서술하고 싶지만 마음이 착잡해져서 예를 줄였다. 경제적인 면, 실력 면으로 우월한 인공지능이 있다면 당연히 대체하고 싶어지지 않을까? 더

D 인공지능VS인간변호사대결,인공지능압승 법률저널 안혜성 기자2019.08.29

늦기전에 우리는 위기감을 느껴야 한다.

그럼 어떻게 해야하지? '안되겠다 아들 딸에게 더 열심히 공부하라고 해야겠다' 생각했다면 큰 오산이다. 딱히 주변에서 인공지능에 대해서 이야기 하는 사람들도 없기 때문에 그냥 살던대로 살아야지 한다면 더 잘못이다. 학교나 학원에서 가르쳐 주는 지식은 인공지능이 더 잘 배우고 기억한다. 한국의 교육은 최종적으로 대학에 잘 들어가기 위한 일방적인 지식전달 교육이다. 수업 시간에 학생-교사간의 소통은 없고 9할 이상 교사만 떠든다. 학생들은 생각 할 틈이 없다. 선생님이 말하는걸 이해하기도 전에 적기 바쁘다. 한국의 학생들은 암기한 지식과 툴을 이용한 문제접근방식을 보인다. 기존 문제, 정형화 된 문제를 푸는 능력이 탁월하다. 외국의 학생들은 잘 정의되지 않는 문제들을 비판적사고로 바라본다. 여러 방면에서 접근하는 방식으로 문제를 대한다. 인공지능이 스스로 학습할 수 있는 딥러닝 시대에 우리 자녀들을 어떻게 교육 시키는 것이 옳을까?

2017년 교육부에서 4차 산업혁명 시대를 맞아 한국 교육의 현실을 토대로 다섯가지 교육 방향을 제시했다.[E]

- 학생들의 흥미와 적성을 최대한 발휘할 수 있는 교육

- 사고력, 문제해결력, 창의력을 키우는 교육

- 개인의 학습능력을 고려한 맞춤형 교육

E 인공지능시대를 대비한 교육혁명. 교육부 2017.07

- 지능정보기술 분야 핵심인재를 기르는 교육

- 사람을 중시하고 사회통합을 이루는 교육

다소 늦은감이 있지만 다섯가지 방향 모두 꼭 필요한 교육 방침이다. 교육부의 계획은 늦었지만 그래도 잘 뒤쫓아가면 되지않을까? 하며 위안을 삼아본다. 한국인들은 빨리 빨리 잘 쫓아가니까.

2020년 교육부에서 과학,수학,정보,융합 교육 종합계획('20~'24)를 발표했다.[F] 인공지능으로 대변되는 미래 지능정보사회의 발전을 선도하는 세계적 인재 양성을 목표로 마련된 종합계획이다. 2017년 교육방향을 제시한 것 처럼 그동안 과학, 수학, 정보, 융합 교육 종합계획은 있었지만 각각 시기를 달리하여 독립적으로 추진되어 왔고 정책의 연계성 및 효과성이 부족했다고 자성의 목소리를 냈다. 말 좋은 정책은 발표했지만 잘 안됐으니 2020년 다시 한번 추스려서 잘해보잔 얘기를 들으며 굉장히 씁쓸해졌다. 불과 3년전의 정책에서도 허울 뿐 실속은 없었는데 2020년의 정책이라고 뭐가 다를까 싶다.

조금 더 살펴보자.

- 영재 발굴 및 성장을 위해 체계적인 영재교육 시스템 마련

- 과학고 및 영재학교 학과신설 및 우수 프로그램 개발

- 영재교육기관의 설립 취지에 따른 새로운 입학 전형의 안착을 지원

F 과학,수학,정보,융합 교육 종합계획 동시 발표. 교육부 2020.05.26

- 인공지능과 관련된 다양한 교과목 개발 및 교육

- 최첨단 에듀테크를 활용한 미래교육 체제 도입

어떤 생각이 드는가? 난 이렇게 생각된다. '영재, 영재, 영재를 위한 계획이 많구나. 인공지능관련 교과목이 늘면 외워서 시험 볼 과목만 늘겠구나. 최첨단 에듀테크를 활용하면 사고력이 증진되고 창의력이 키워지는거야?' 등.

우리에게 필요한건 영재를 위한 계획과 보여주는 식의 도구활용이 아니다. 대학입시체계를 확 뜯어 고치는 계획과 정책은 차치하고서라도 실제 현장에서 이루어지는 교육방식의 개선이 필요하다. 각 교사가 학생들과 소통을 얼마나 잘하는지 최대한 주입식, 강의식 교육을 지양하는지 등을 평가 해야 한다. 목적은 학생들의 생각하는 힘 기르기에 있다. 많은 교사들이 제 밥그릇 챙기기만 바빠 기존의 방식 그대로 답습한다. 시대의 흐름을 파악하지 못 한다. 덕분에 학생들은 인공지능의 발전 속도에 한참 못 미치고 있다. 아니 뒷걸음 치고 있다. 나도 그랬고 이 글을 읽는 독자분들도 그랬겠지만 우린 떠 먹여주는 교육이 익숙했다. 불행하게도 자녀들도 그렇게 키워지고 있다는 사실을 먼저 인식해야한다.

2020년 교육부의 종합계획을 보니 구색 맞추는 계획, 현실감 없는 계획이란 생각이 든다. 학교에서 해줄 수 없다면 가정에서 해줘야 한다. 아빠 엄마가 충분히 해줄 수 있다. 애드 아스트라의 '디아맨디스'

이사장이 말한 교육의 예를 통해 생각해보자 "어느 시골 마을에 공장이 있는데, 이 마을 사람들은 모두 이 공장에 취업해 있다. 그러나 이 공장으로 인해 호수는 오염되고, 생명체는 죽어간다. 공장 문을 닫으면 모든 마을 사람이 실업자가 된다. 반대로 계속 가동하면 주변 생명체는 모두 죽음에 이른다. 어떤 선택을 하는 것이 올바른가?"[G] 이 문제의 정답은 없다. 부모와 자녀가 각각 반대의 선택을 해서 의견을 주장해보고 서로의 생각을 공유해보면 된다. 옳고 그름을 가르치는 것이 아니라 다양한 생각을 해보는 연습을 하는 것이다. 공동체를 위한 선택이 어떤 것일지 자녀의 눈높이에 맞게 대화해보자. 이렇게 하나씩 하다보면 인공지능이 대체 할 수 없는 사고영역이 자란다.

G 자녀 자퇴시킨 뒤 머스크가 세운 비밀학교 무엇을 가르칠까? 중앙일보 박광수 기자 2017.11.15

6

암기하는 기계가 된 자녀는 인공지능을 이길 수 없다

'사람은 배우기를 원한다'

철학자 아리스토텔레스가 말했다. 사람은 본능적으로 배우려는 욕구를 가지고 있고 끊임없이 호기심을 충족하는 행위를 하는 존재라는 것이다. 아이들이 태어나면 어느정도 말을 하기 시작하면서는 귀찮을 정도로 질문을 퍼붓는 걸 알 수 있다. "하늘은 왜 파래?" "이게 뭐야?" 등등 시시콜콜한 물음부터 대답하기 힘든 물음까지 끊임없이 묻는다. 아이들이 부모에게 질문을 하는 이유는 배우고자 하는 욕구를 충족시키고 질문을 통해 세상을 배우고 지식을 습득할 수 있기 때문이다. 질문을 하지 않으면 알수가 없다. 이 과정에서 부모가 얼마나 많은 질문에 답을 정성스럽게 해주는지에 따라 아이들의 창의력에 차이가 생긴다. 질문을 따로 가르쳐 주지 않아도 어른들은 생각지도 못한 질문을 하는 걸 보면 열린사고를 한다는게 학습에 의해서가 아닌 본능에 의해 나타나는 현상이란 생각이 들기도 한다. 그러다 초등학교에 입학하고 얼마 지나지 않아 아이들의 질문이 급격하게 줄어드는걸 볼 수 있다. 하루 중 대부분의 학습 시간이 학교나 학원에서 이루어 지는데 그 시간동안 배움의 장이 일방통행으로 진행된다. 본능에 의해 몇 번 질문을 하다가도 시간이 지나면 어느새 묻지 않는 분위기에 휩쓸린다. 교육자체가 소통과 협업, 토론을 중시하는 수업이 아니라 지식을 전달하는 수준에서 그치기 때문이다. 교육자의 역할은 가르치는데 있는 것이 아니라 학생 스스로 배움의 가치를 느끼고 인생의 방향을 정해나갈 수 있게 돕는데 있다. 사람은 배우기를 원하고 죽을때까지 배우려는 노력을 하며 성장한다. 이러한 성장을 돕는 역할을 해야하는 교육자가 한국에서는 단순히 지식을 전달하는 전달자로 변질되어 있다. 입시제도하에서 어쩔 수 없는 선택이라고 하기에는 세상이 많이 변했다.

학교에 다니면서 제일 후회되는게 질문 없는 학교 생활을 했다는 것이다. 모르는게 있어도 수업시간에 물어보기 힘들었다. 물어보면 친구들의 눈총이 뜨거웠고 선생님도 수업 끝나고 질문하라는 말을 했다. 사실 친구들의 질문과 선생님의 답변을 통해 얻는게 더 많은데 그런 배움의 기회를 놓치며 살았다. 많은 연구 결과가 보여주듯 학습효과가 가장 좋은 방법이 서로 가르치고 토론하고 정리해서 글로 표현하는 것이다. 숨소리만 들리는 교실이 아니라 서로의 의견을 나누는 시끌벅적한 교실에서의 학습효과가 좋다. '왜 우리는 대학에 가는가-EBS출판'에 보면 조용한 공부방과 말하는 공부방을 나눠서 실험을 했는데 말하는 공부방의 학생들의 성적이 훨씬 좋았다. 서로 말하고 토론하는 공부가 훨씬 효과적이란 얘기다. 미국의 한 연구기관에서 연구한 결과에 따르면 강의식 수업의 학습효율이 5%일때 서로 설명하는 방법은 90%의 학습효율을 보였다. 도서관이나 독서실에서 숨소리라도 들릴새라 조심히 쥐죽은듯 공부하는 한국 학생들의 공부하는 모습이 안타까워지는 연구결과 였다. 유대인들의 교육법으로 알려진 하브루타교육법이 짝지어 토론하며 공부하는 방법인데 이런 과정을 통한 배움의 깊이가 훨씬 깊다. 내가 아는것을 설명하면서 정리가 되고 상대의 질문을 통해 더 깊이 있는 생각을 하게 된다. 가끔 TV에 엄마나 동생을 앞에 앉혀두고 설명하면서 공부하는 영재의 모습이 비춰지곤 했는데 말하는 공부법이 효과적임을 알 수 있는 예다. 다시 한국의 교육으로 돌아가보자. 예전이나 지금이나 교육의 방식에는 변함이 없는 것을 알수 있다. 오히려 사교육의 시장은 더 비대해졌고 교육격차는 커졌다. 선진국의 학생들과 비교해 경쟁력있는 학생들이 많이 생겼다고 볼 수도 없다. 그도 그럴것이 주입식 교육의 틀은 변함이 없기 때문이다. 정말이지 시험을 위해 지식을 암기해야하는 행위가 '교육'이라고 받아들여지는 현실이 안타깝다.

한참 전에 미국 아이비리그 대학에 재학 중인 한인 학생들 중 44%가 학업을 중지했다는 내용이 발표됐다. 하버드, 예일, 프린스턴 등 의 대학에서 1400여명을 무작위로 추출해서 조사한 내용이므로 신뢰성이 높다. 중국인 25%, 인도인 21%에 비하면 많은 수치다. 글로벌 기업에 속하는 중국인 5%, 인도인 10%, 한국인 1%이하라는 데이터만 보더라도 한국인의 경쟁력을 인정받지 못하는 것으로 볼 수 있다. 왜 이런 결과들이 나왔는지는 누구라도 생각할 수 있을 것이다. 미국의 대학에서 이뤄지는 토론식 수업에 부담을 느끼는게 큰 이유다. 자신이 공부한 지식을 표현하는 연습이 되어있을리 만무한 한국 유학생들이 큰 어려움을 겪고 있는 것이다. 10년 이상 암기식으로 공부하고 객관식 문제의 정답을 찾는 연습을 했던 학생들이 창의적 사고나 지식의 융합능력을 보이는게 쉽지 않았을 것이다. 생각해보면 공부한 지식들을 활용해서 자신의 생각을 표현하는게 그렇게 어려울까 싶지만 오랜 시간동안 학생들의 뇌는 단답형에 길들여져 버렸다. "자신이 생각하는 인생의 중요한 가치는 무엇이고 이를 기르기 위해 어떤 노력을 했는가?"란 물음에 답해보자. 이런 중요한 물음은 생각해보지도 못하고 교과서에 나온 지식을 맹목적으로 암기하면서 10년이상의 학창시절을 보냈다. 객관식 시험의 답을 찾기 위해 그토록 많은 시간을 썼다고 생각하니까 화가 날 지경이다. 자녀들을 불쌍히 여겨야 한다. 다른 의미가 아니라 스스로 생각할 수 없도록 만드는 교육체계 하에서 자라고 있는걸 측은하게 생각해야 한다. 본질적으로 공부가 지식을 암기하는 행위가 아니라 스스로 중요하게 생각하는 가치를 위해 연구하고 배우려는 목적으로 행해져야 하는것을 느끼게 해줘야 한다. 단순히 암기하는 기계로 자라고 있는 아이들은 아무리 시간을 투자해도 인공지능을 넘어설 수 없다.

미래를 대비할 수 있도록 현실을 좀 더 파악해보자. 창의성을 저해하는 요소에는 어떤 것들이 있을까.

- 강의식 수업

- 수학능력시험 제도

- 획일적인 교육내용

- 주입식 교육

- 다양한 체험 결여

- 질문없는 교실

- 시험성적에 의한 서열화

- 객관식 시험 등

이런 교육환경에서 자란 한국의 학생들은 쉽게 인공지능에게 직업을 뺏기는 일만 남았다. 지식도 부족한데 생각하는 힘도 부족하기 때문이다. 공부로 날고 기는 학생들이 기껏해야 의사, 변호사를 꿈꾸는데 이런 직업조차 인공지능으로 대체 되고 있다. 가천대길병원에서는 '왓슨'이라는 인공지능 의사를 도입했고 미국의 유명한 로펌에선 '로스'라는 인공지능 변호사를 도입해서 활용하고 있다. 세계경제포럼에서는 미래 인재가 갖춰야할 핵심역량으로 복합문제해결능력, 비판적 사고, 창의력 등을 꼽았다. 위에서 보듯 한국의 교육체계에서 창의성을 저해하는 요소들이 많기 때문에 인위적으로 환경을 만들어 줄 필요가 있다. 기존의 지식과 정해진 답으로 해결할 수 없는 문제들이 발생했을 때 다양한 시각과 융복합적 사고로 답을 찾을수 있도록 도와야 한다. 자녀교육에 있어 시험성적에 의해 민감해지기 마련인데 객관식 답을 찍는 능력이 아니라 능동적이고 자유로운 생각을 할 수 있도록 지원해줘야 한다. 시험 성적을 위한 공부가 아니라 자녀의 개성을 찾는 공부를 할 수 있도록 천편일률적인 학습분위기에서 벗어나야 한다. 스스로 원하는 미래를 그리고 가치를 부여할 수 있도록 배움의 의미를 다시 생각하도록 해야한다. 부모로서 충분히 바꿔줄 수 있다. 학교와 학원으로 밀어넣을 것이 아니라 왜 지금의 학습이 필요한지 어떻게 하는게 효과적인지 스스로 생각할 수 있도록 격려하고 이끌어 주는 것이 필요하다. 자녀와 함께 지내다보면 어떤 문제를 해결해야하는 상황이 생길 수 있는데 '이건 이렇게 하는거야'라며 답을 정해주지 않았으면 한다. 자녀보다 오래 산 경험으로, 어떤 배움이 필요한지 어떤 생각을 할 수 있는지 가이드 해줄 수 있다면 그정도로 충분하다. 겪어보지 못한 일들이 발생했을 때 아는게 없다며 포기하지 않도록 스스로 생각할 수 있게 해주면 족하다.

7

우리아이는 어떤 문제가 있는거지?

시중에 공부법과 관련된 책들이 많이 출간되어 있다. 고시합격자, 일본인, 교강사 등 본인들의 노하우를 담은 공부법 책들을 보면 사람 수 만큼이나 다양한 공부법이 있구나란 생각을 하게 된다. 내가 학생일때는 열심히 하는게 최선의 방법이란 생각으로 특별히 나에게 맞는 공부법을 찾기위해 노력하지 않았었다. 선생님들께 어떻게 하면 더 잘 할수 있을지 여쭤봐도 별다른 대답을 듣지 못했다. 나보다 더 공부 잘하는 친구에게 물어봐도 똑부러지는 공부법을 듣는건 어려웠다. 그러다 보니 '에이 그냥 남들 놀 때 공부하고 잠잘시간 줄여서 공부해야지' 란 생각을 하며 매진했었다. 학교 쉬는 시간에도 화장실 가고 싶을 때 말고는 움직이지 않고 수학문제를 풀었다. 특별히 쉬는 시간에 수학문제를 풀었던건 주위가 시끄러워도 문제푸는데 지장이 없었기 때문이다. 쉬는 시간에 인문과목을 공부하려고 하면 이상하게 머릿속에 잘 안들어왔다. 정규수업이 끝나면 대부분의 친구들이 도서관에서 야간자율학습을 밤 10시까지 하고 집에 갔는데 난 도서관에 가는 대신 집근처 독서실로 향했다. 공부를 못했던 학생이 아니고 선생님께서도 열심히 하라며 편의를 봐주셨기에 가능했었다. 독서실에서도 문 닫을 때까지 공부를 하고 나와야 뭔가 하루가 잘 마무리 되는 것 같았다. 그렇게 고등학생 시절을 보내면서 누구보다 열심히 했다고 자부하면서 마음 한켠에 드는 의구심이 있었다. '그렇게 열심히 한다고 했는데 왜 원하는 대학에 입학하지 못했지?' 성인이 된 후 학생때처럼 쳇바퀴 안에 날 가두지 않고 한걸음 뒤에서 바라보니 그 이유를 알것 같았다. 비효율적으로 열심히만 했던 학창시절과는 다르게 공부법 관련책들을 관심있게 찾아보고 나에게 맞는 방법들을 정리했다. 그 방법들을 스스로에게 적용해보면서 성과를 내기도 했었다. 국가공인경영지도사 자격증을 8개월만에 2차까지 합격했고 회사연수원에서는 출제시험문제를 모두 맞췄다.

다양한 공부법 관련 책들이 많은 방법론에 대해 얘기를 하지만 누구에게나 적용되는 공부잘하는 방법이 있다. 하나만 소개하자면 '내가 이 파트에서 뭘 모르고 있지?'를 끊임없이 자문하는 것이다. 많은 학생들이 수학공부를 할 때 문제를 풀면서 개념을 익히는걸 선호한다. 문제를 푸는 행위가 마치 공부를 한것 같은 착각에 빠지게 해주기 때문인데 공부한 시간이 많은 것 같은데 정작 시험을 못보는 이유가 이같은 공부방법 때문이다. 수백, 수천개의 문제를 풀면서 그 때마다 풀이방법을 익히고 개념을 이해하는건 쉽지 않을 뿐더러 시간도 많이 걸린다. 먼저 각 단원에서 알아야 하는 정의나 정리의 개념이 있다면 왜 이런 개념이 나왔는지 증명할 수 있을 정도로 이해하는게 첫번째 해야 할 일이다. 이렇게 개념을 이해한 뒤라면 문제를 풀 때 '내가 여기서 알아야 하는게 뭐지, 뭘 모르고 있지?'등의 의문이 자연스럽게 나온다. 문제를 먼저 접한 경우엔 모르는 문제가 나와도 어떤 개념을 알아야 하는지 보다 '이 문제를 풀어봤나?'란 물음을 하게 된다. 수많은 문제를 다 알 수는 없기 때문에 잘못된 접근이라고 봐야한다. 나도 학창시절에 선호했던 공부방법이 무조건 문제를 많이 푸는거였는데 돌이켜보면 참 무식하게 공부했다는 생각이 든다. 중요한건 정의나 정리와 같은 개념이지 문제가 아니다. 문제는 그 단원에서 알아야 하는 개념을 잘 알고 있는지 테스트해보는 것뿐이다. 문제풀이가 안된다면 개념을 머릿속에서 출력하는게 잘 안되거나 개념의 입력자체가 잘못되어 있는 것이다. 교수들이 수학문제를 출제할 때 새로운 유형의 문제를 만들수 있는 이유가 개념으로부터의 접근방식을 사용하기 때문이다. 기본 개념이 충분히 숙지가 되어있을 때 비로소 응용력이 생긴다. 문제를 많이 풀면서 응용력을 기른다는건 오래걸리고 어려운 방법을 택하는 것이다. 개념을 이해하고 출제된 문제에 어떻게 활용되는지 생각하는 습관이 생기면 훨씬 공부가 재밌어진다.

뭘 모르는지 정리하는 방법 중 '오답노트' 도 많이 활용한다. 오답노트를 정리하는 방법이 다양한데 꾸준한 노력을 하지 않으면 괜히 시간낭비가 될 수 있다. 틀린 문제와 해설지를 오려붙이는 것으로는 가치를 부여하기 힘들다. 이 문제를 풀 때 어떤 개념들을 활용해야 하는지 근본적인 해결책 부터 찾아야 한다. 실제로 오답노트를 잘 활용하는 학생들을 보면 수학의 연계성을 활용해서 한 문제를 풀 때 필요한 개념들을 모두 찾아서 공부한다. 꼬리에 꼬리를 무는 개념 이어달리기를 하다보면 어느새 새로운 응용력도 생기고 지식의 깊이가 달라진다. 처음엔 이런 행위가 시간이 오래걸리고 그냥 이 문제를 풀 때 필요한 해설만 보면 되지 않을까 하는 생각에 그 중요성을 모르고 몇번 만들다가 그치는 경우가 많다. 오답노트를 틀린문제 모으기에 초점을 두지 않고 틀린문제를 풀기위한 개념이해에 초점을 두면 실력이 하루가 다르게 느는걸 볼 수 있다. 꼼꼼한 성격을 가진 학생이 수학 성적 때문에 고민을 해서

‘오답노트’를 활용해보는 것을 추천했다. 활용하는 방법에 대해 설명해 주고 처음엔 시간이 걸리겠지만 다음 시험때까지 해보는 것으로 목표를 삼았다. 학생이 스스로 만든 오답노트를 봐주면서 내가 추가로 어떤 개념까지 알아야 하는지 설명해주었다. 결과는 어땠을까? 수학성적이 오른것은 물론이고 공부자체에 흥미를 가지기 시작했다.

요새 학원들을 보면 ‘레벨테스트’를 통해 입학 여부를 정하거나 반을 정하는 곳이 많다. 인기있는 학원의 경우 이 레벨테스트를 위해 또 다른 과외를 받는다고 하니 이렇게까지 할 필요가 있나란 생각이 들기도 한다. 문제는 유명한 학원, 유명한 강사가 아니라 우리 아이에게 맞는 학습을 할 수 있는 곳이어야 한다는 것이다. 말은 레벨테스트지만 이건 아이의 수준을 찾아 주기 위한 목적이 아니라 학원에 이미 분반되어 있는 곳에 넣기 위한 반 가르기 시험이다. 여러가지 여건상 내 아이의 실력을 마이크로매니징 할 수는 없겠지만 중요한 점은 지금 어떤 수준인지 면밀히 파악하는게 우선시 되어야 한다는 것이다. 대체로 내가 뭘 모르는지 어딜 더 공부해야하는지 모르기 때문에 잘 짜여져 있는 테스트를 통해 수준을 먼저 점검해야 한다. 그런 뒤에 수학의 연계성을 생각해서 취약한 단계부터 하나씩 개념을 이해하는 공부를 시작해야 실력이 는다. 고등학교 때 학교에서 수영을 1년 배우고 어느 정도는 할 줄 알게 되었는데 나중에 성인이 되어 근처 체육센터에서 중급반수업을 들었다가 혼쭐이 난 적이 있다. 접영 빼고는 할 줄 안다고 생각해서 중급반 수업을 들었는데 다른 사람들과 비교되서 도중에 그만 둘 수 밖에 없었다. 일렬로 순차적으로 수영을 하는데 자꾸 뒤에서

쫓아오는 통에 민망하기도 했고 급한마음에 온 몸에 힘이 들어가서 헐떡거림이 동시에 찾아왔기 때문이다. 중급반 내에서도 실력차가 커서 할 줄 안다고 생각했던 자신감이 쏙 들어갔다. 학원도 마찬가지다. 반에서도 실력차가 있을수 밖에 없기 때문에 여기서 찾아오는 자신감 결여를 주의 해야 한다. 수학을 더 잘하고 싶어서, 내가 무엇이 문제인지 파악하고 도움을 받고 싶어서 다니는 학원인데 이상하게 점점 흥미를 잃고 시간때우기용이 되는 경우가 생긴다. 학원이든 과외든 아이의 실력을 면밀히 파악하고 부족한 부분을 충분히 알도록 도움을 줘야 한다. 주입식 교육이 지속되는 한 수학 실력이 좋지 않았던 학생이 좋아지기가 쉽지 않다. 그래서 학생 스스로 '내가 모르는게 뭐지?'란 물음을 끊임 없이 할 수 있도록 도와야 한다. 학원이나 과외 수업은 그 물음에 대한 답을 찾는 시간이 되어야 의미가 있다.

초등학생에게 베다수학 3개월 과정을 가르칠 때 이런 얘기를 들었었다. "선생님 베다수학을 알게 해주셔서 고마워요. 잘 모르는데 학원에서 진도가 막 나가니까 너무 무서웠거든요. 엄마는 수학을 왜 이렇게 못하냐고 잔소리만 하시는데 전 수학을 왜 하는지도 모르겠고 점점 포기하고 싶어졌어요. 근데 베다수학 배우면서 수학을 더 잘하고 싶어졌어요. 제가 왜 못했는지 알것 같아요." 이 때 얼마나 기분이 좋았는지 모른다. 그리고 이 학생은 앞으로 더 잘 할 수밖에 없겠다고 생각했다. 가르칠 때 중요하게 생각하는 부분이 스스로 부족한 부분을 찾도록 습관을 길러주는 것인데 이 학생은 본인이 왜 못했는지 알것 같다고 하니 정말 뿌듯했었다. 베다수학은 기초를 끊임없이 건드린다. 이렇게 기초를 쌓고 쌓다 보면 그동안 공부했던 수학개념들 사이의 빈공간이 메꿔지고 더 견고해진다. 베다수학을 전문으로 가르쳐야 겠다고 생각했을 때 제일 기대했던 부분이다. 자신이 모르는 부분을 찾으려고 노력할 때 베다수학을 공부한 경험들이 도움이 되길 바랐다. 베다수학은 first principle thinking 그 차제이기 때문에 수학공부를 하다가 문제가 생겼을 때 쉽게 이유를 찾을 수 있다. 아이의 수학실력이 모자라다고 느낀다면 이유를 다른 곳에서 찾지 말아야 한다. 그 이유는 학원도 아니고 강사도 아니다. '뭘 모르는지', '어느 부분이 부족한지' 면밀히 파악하는 것에서 시작해보자.

4 당장 베다수학을 공부하라

5 이게 베다수학입니다(이것만 알아도 성적 상승!)

6 하나만 배우는 아이, 하나로 열을 배우는 아이

2부

당장 베다수학을 공부하라

1 베다수학이 뭐야?

학창시절로 돌아간다면 꼭 제일 먼저 내 것으로 만들고 싶은게 있다. 언제 어디서든 자유롭게 활용하고 싶은 베다수학이다. 누구하나 이런 게 있다면서 말해 준 사람이 없었다. 심지어 수학과에 진학해서도 해석학, 미분방정식, 선형대수학 등을 배웠지 베다수학에 대해선 듣지 못했다. 지적 호기심이 많고 책 읽기를 좋아하고 수학을 좋아하다보니 알게 된 베다수학은 내게 신세계였다. 혼자 있는 자료 없는 자료를 뒤적이며 베다수학을 공부했다. 공부하는 과정도 즐거웠지만 과외하거나 학원에서 가르치는 학생들에게 소개하면서 더 흥분을 감출 수 없었다. 커리큘럼이 진행 될 때마다 학생들은 신기해 하며 초롱초롱한 눈빛을 보였다. 학교에서 배웠던 것과는 다른 방법들을 배운다는 사실이 학생들 스스로 수학을 더 잘 할 것 같다는 긍정적인 효과로 나타나곤 했다. 아는 것을 전달하는 기쁨이 얼마나 큰지 가르쳐 본 사람들은 안다. 학생들에게 이런 긍정적인 효과들이 나타나면 더욱 가르치는 힘이 난다. 베다수학을 공부하는 과정은 학교에서 배우는 정규과정보다 쉽고 단순하다. 원리를 이해하고 어느정도 연습을 하면 자유자재로 사칙연산을 하게 된다. 마치 구구단을 외우는 시간이 지나면 언제 어디서든 '4×6?' 하고 물으면 '24'라고 답이 나오는 것처럼. 정말로 베다수학은 구구단을 배우듯 쉽다. 몇 개만 익혀도 수학을 공부하며 충분히 써먹을 수 있는 파워풀한 무기가 된다. 이 또한 경쟁력이라고 생각 되는 순간 친구들은 모르고 나만 알고 싶은 마음이 절로 든다. 아는 사람은, 시험을 보며 적용해 본 사람은, 이렇게 베다수학의 매력에 흠뻑 빠진다.

베다수학은 영재들 사이에 이미 인기가 있는 과목이다. 학생 뿐 아니라 각종 취업 인적성 시험이나 고시, 공시등을 준비하는 사람들에게도 베다수학은 '비기'로 널리 알려져있다. 문제풀이 시간을 줄이고 정확도를 높이기 때문이다. 몇 해 전 공부가머니란 프로그램에서 한 번 소개가 되면서 대중들에게 더 많이 알려졌다. 베다수학을 들어 본 사람들은 흔히 빠른계산법 내지는 인도수학으로 알고 있다. 빠른계산을 돕는 것에는 주산도 있는데 베다수학과는 결이 다르다. 주산이 주판을 이용한 계산을 위주로 공부한다면 베다수학은 기본적인 산술은 물론이고 복잡한 기하학적 정리나 대수 방정식 등 까지 나아갈 수 있다. 더 나아가면 좋지만 일단 많은 사람들이 빠른계산법 부터 마스터 하길 희망한다. 내가 느꼈던 것처럼 신세계가 열린다.

베다수학은 1911 년에서 1918 년 사이에 인도의 수학자 스와미 바라타 크리슈나 티르타지(Swami Bharati Krishna Tirtha)가 발견하여 정리한 수학이다. 'Vedas' 경전의 16개 수학관련 법칙과 13개의 파생법칙을 연구하고 정리해서 베다수학이라 불린다. 경전의 내용은 한 줄로 되어있어 단순하고 직관적이다. 사칙연산 뿐 아니라 대수, 기하학, 미적분 등에도 활용할 수 있다. 하나의 공식으로 다양한 문제들에 접근할 수 있어 수학의 묘미를 한껏 느낄 수 있다. NASA 과학자들이 인공지능 분야에 베다수학의 원리를 사용하기도 하고 코딩과 프로그래밍하는 개발자들에게도 도움이 된다. 여러 분야에 쓰이는 베다수학은 '수학의 본질은 자유로움에 있다'고 한 칸토어의 말이 딱 들어맞는다. 조금만 공부해보면 알겠지만 숫자를 자기 입맛에 맞게 변형시키는것처럼 저절로 유연성이 생긴다.

수학의 중요성을 알고 있는 국가에선 베다수학을 중요하게 가르친다. 미국, 영국, 호주 등의 권위 있는 기관에서 가르치고 있는게 대표적인 예다. 전통적인 수학교육에서 벗어나 베다수학을 도입하는 이유가 뭘까?

그 이유를 보자.

 # 좌뇌, 우뇌를 고루 발달 시킨다.

한 의학연구에서 베다수학이 우리 뇌의 양쪽 측면을 적합하게 발달시킨다고 증명했다. 좌뇌는 분석, 판단을 담당하고 우뇌는 창의성, 감정을 담당한다. 익숙한것은 좌뇌가, 새롭고 익숙하지 않은 것에는 우뇌가 담당하는데 베다수학은 두 가지 모두를 자극한다.

 # 기초 수학 실력을 높인다.

쉽게 배울수 있어 평균 수학실력이 높아진다.

 # 단순하다.

개념이해가 직관적이다.

 # 정확하다.

한줄 계산법 등 과정이 단순해서 실수할 확률이 적다.

 # 창의적 사고를 키운다.

하나의 문제에 접근하는 방식이 다양하므로 문제마다 적합한 방법들을 떠올리며 창의성을 기른다. 학생들의 사고방식에도 변화를 가져오고 수학에 대한 흥미를 느낀다.

 # 빠르다.

전통적인 수학은 사칙연산의 시간이 오래걸린다. 주어진 시간에 빠르게 풀고 검산까지 하려면 베다수학을 배워야 한다.

 # 재밌다.

새로운 개념과 공식들을 배우면서 흥미를 느끼고 정확하고 빠르게 푸는 자신을 발견하며 흥미를 느낀다.

 # 자신감이 생기고 수학공포증이 없어진다.

시험성적 향상이나 친구들과의 비교를 통해 자신의 능력이 우위에 있음을 느끼게 되고 자신감으로 나타난다.

틀에 박혀있지 않고 다양하게 생각한다.

풀이방법이 명쾌하고 기본이 탄탄해서 확장성이 커진다. 조각을 할 때 뼈대가 튼튼하면 사람, 동물 등 무엇을 만들어도 되는 것과 같다.

시험 성적에 즉각적으로 반영 된다.

정규시간에 배운 방법 외에도 베다수학을 익혔기 때문에 플러스 알파의 실력이 나온다. 또한 시간을 절약할 수 있어서 다른 문제 풀이 시간이 확보 되고 검산하는 시간도 생긴다. 미국 SAT등의 입학시험에서 10~12분정도 절약된다는 연구결과가 이를 뒷받침 한다.

기억력이 높아진다.

단순한 풀이 과정을 머릿속으로 생각하며 종이위에 쓰는 시간을 줄일 수 있다.

숫자에 대한 관심이 증폭된다.

더 큰 학습효과로 나타난다.

주위 사람들에게 가르칠 수 있는 능력이 되면서 본인 스스로도 더 큰 학습효과를 누릴 수 있게 된다.

직관력이 생긴다.

복잡한 사안을 단순화 시켜 생각하는 태도가 생긴다.

논리적 사고가 확장된다.

학습의 자신감이 생긴다.

위에서 보듯 베다수학은 많은 이점들이 있다. 수학을 못하는 사람, 수학이 재미 없는 사람, 수학관련 시험을 준비해야 하는 사람, 창의적 사고를 기르고 싶은 사람 등 베다수학이 필요한 사람들이 많다. 필요한 사람들은 많은데 몰라서 배우지 못한다. 나도 그랬고 아마 많은 학부모들이 이런게 있는지도 몰라서 가르쳐주지 못한다. 주위에 베다수학 관련한 책을 쓴다고 하면 그게 뭐냐는 물음이 많다. 간략히 설명해 주면 배우고 싶다거나 자녀에게 알려줘야 겠다는 답을 받지만 얼마나 실행될지는 두고 볼 일이다. 난 경험한 것 중 좋은것이 있으면 주변 사람들에게 권유한다. 책읽기가 그랬고 여행이 그랬다. 다양한 경험을 한 사람은 그 중 다른 사람들에게도 권할 만한 경험이 생긴다. 그 많은 경험 중 좋다고 생각되고 추천할 만하니까 선뜻 얘기를 해주는거다. 누군가 그런 얘기를 해 줄 때는 일단 해보는게 안 해보는 것보다는 도움이 된다. 내가 경험하며 소비할 시간을 그들이 대신 해보고 알려준 것이기 때문에 감사한 마음으로 실행에 옮겨 보는 것이 좋다. 베다수학도 더 많은 사람들에게 알리고 배우기를 희망하며 책을 쓰게 됐다. 아들에게 어떤걸 경험하게 하고 느끼게 할지 많은 생각을 하는데 그 중 하나가 베다수학였다. 자녀를 둔 학부모라면 나와 같은 고민을 할텐데 이 책을 읽는다면 하나의 고민은 덜어주는 셈이다. 베다수학은 자녀와 함께 공부해도 좋고 환경을 만들어 줘도 좋다. 베다수학을 공부하는 동안 재밌어하고 수학에 대한 흥미로 이어지는 모습을 보게 될 것이다. 생각만 해도 미소 지어진다.

나폴레옹이 '수학의 진보와 개선은 국가의 번영을 좌우한다'고 했다. 이 말을 빌어 얘기해본다. 베다수학을 공부한다는건 성공에 몇 걸음 더 가까이 가는 것과 같다. 나폴레옹이 살았던 시대에도 그랬지만 지금도 여전히 국가의 번영을 이룰 만큼 수학이 중요하다. 좋은건 미루는게 아니다. 당장 시작해보자.

2

15배 빠르고 정확하다

베다수학은 세계에서 가장 빠른 계산법

베다수학은 기존 방식보다 10~15배 빠르다.

곱셈 문제를 풀어보자.

① $13 \times 14 =$　　② $15 \times 13 =$

③ $16 \times 12 =$　　④ $13 \times 12 =$

⑤ $15 \times 14 =$　　⑥ $16 \times 17 =$

⑦ $15 \times 18 =$

❶

```
     1
   1 3
 × 1 4
(1+4) 2
 1 3
 1 8 2
```

1) $3 \times 4 = 12$

2) $1 \times 4 = 4$

3) $3 \times 1 = 3$

4) $1 \times 1 = 1$

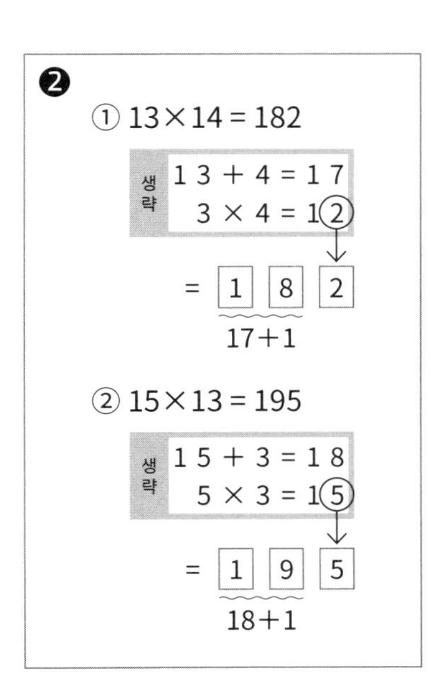

❶은 학교에서 배우는 방법이다. 먼저 13과 14를 세로로 쓰고 하나하나 곱한 후에 답을 찾을 수 있다. 7문제를 다 풀면 성인도 40초 이상 걸린다. 초등학생은 1분 이상 걸린다. ❷는 베다수학에서 가르치는 방법이다. 사실 보자마자 답이 나오기 때문에 과정은 필요 없지만 설명하기 위해 적었다. 인도인들은 19단까지 외우고 있어서 위의 문제의 경우 우리가 구구단 하듯 답이 나온다. 수학문제를 풀다 보면 곱셈이 많이 나오는데 보자마자 답이 나오는 방법을 알고 있다면 얼마나 효율적일까?

한번 더 느껴보자.

$123 \times 127 = ?$

❶

```
      1 2
      1 2 3
 ×    1 2 7
 ----------
      ¹8 6 1
    ¹2 4 6
  1 2 3
 ----------
  1 5 6 2 1
```

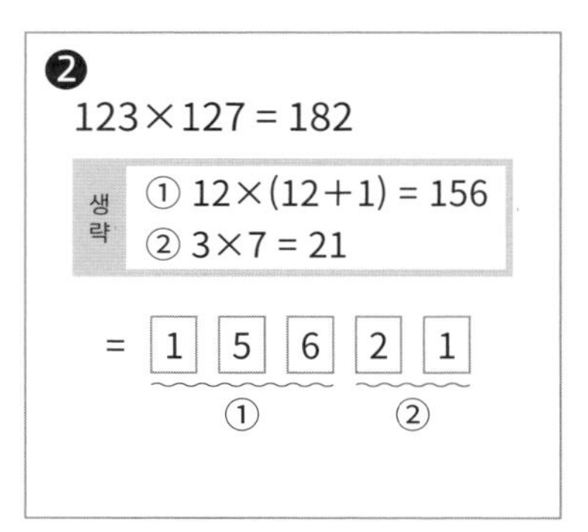

역시 ❶은 학교에서 배우는 방법이다. 곱셈을 배운 초등학생 자녀에게 풀어보라고 해보자 얼마나 시간이 걸리는지 답은 정확한지. 성인도 20초이상 걸리는데 곱셈을 갓 배운 학생들은 오죽할까. ❷는 중간과정을 적었지만 생략가능하다. 보면 바로 답이 나온다. ❶이든 ❷든 왜 저

렇게 푸는지 아는게 먼저고 그 뒤에 더 효율적인 방법들을 선택하면 된다. 근데 이 글을 읽는 독자들도 가만히 생각해 보라. ❶처럼 푸는건 배웠는데 왜 저렇게 푸는지 알겠는가? 이런 기초 사칙연산 조차 기계식으로 익혔는데 중고등 수학은 어땠을지 안봐도 뻔하다. 이건 독자들의 탓이 아니라 교육시스템의 문제다. 어쨌든 과거에 어땠는지 보다 앞으로가 중요하니까 이젠 베다수학을 익혀보자. 자녀를 둔 학부모라면 어떻게 해서든 배울 수 있게 도와야 한다.

베다수학은 앞서 본 것처럼 빠르다. 불 필요한 시간을 줄여주기 때문에 다른 문제에 시간을 더 쓸 수 있다. 당연히 시험 점수가 올라갈 수 밖에 없다. 얼른 배워야 하지 않을까? 나도 자녀가 태어나면 꼭 가르쳐 주어야 하는 것에 베다수학을 꼽았다. 수학문제를 풀 때 훨씬 더 많은 시간을 단축시켜 주기도 하지만 단순화 시킬 수 있는 사고가 키워 진다. 베다수학은 개념을 이해하는 과정이 합리적이라 빠르고 어렵지 않게 배운다. 그 얘기는 더 빠르게 수학 정규과정을 이해할 수 있다는 말로 해석해도 된다. 수학은 이해가 되면 다음 단계로 이어가는게 참 자연스러운 학문이기 때문에 이해하는 속도대로 진도 나갈 수 있다. 한국에서 선행학습은 나쁜 이미지로 인식 되어 있는데 이해를 수반한 선행학습은 너무 바람직하다. 선행학습이 나쁜게 아니라 이해도 안되는데 남들이 하기 때문에 억지로 학원을 보내는 학부모가 나쁘다. 그런 의미에서 보면 베다수학은 선행학습을 원하는 부모와 자녀에게도 큰 힘이 될 수 있다.

☑ 세계 각국이 인정한 베다수학

베다수학이 사칙연산 및 대수연산 등을 단순화 시키고 효율적이라는 인식이 퍼지면서 전세계적으로도 수용하는 국가가 늘어나고 있다. 유럽, 미국, 영국, 아프리카 등 많은 나라에서 빠른 암산 등으로 인정받고 있다. 특히 미국에서는 스피드 매쓰, 패스트 매쓰 등으로 베다수학이 많이 알려져 있다. 베다수학은 효율적이고 빠르기 때문에 자연스럽게 암산하는 능력이 길러진다. 아이들은 수학을 쉽게 배우고 문제에 접근하는 방식이 유연해진다. 또래 친구들 보다 빠르게 푸는 것 하나만으로도 자신감이 커지고 자신감은 학습태도에 긍정적인 요소로 작용하게 된다.

☑ 빠른데 방향도 옳다

기존 방식과는 차원이 다른 베다수학을 공부하면 누구나 탄성이 나온다. 베다수학은 기존 방식으로는 여러 단계에 걸쳐 푸는 문제를 하나의 단계로 풀 수 있게 한다. 보자마자 답이 나오고 불 필요하게 적어야 하는 과정도 생략 된다. 많은 과정을 거쳐야 한다는 것은 실수할 확률도 높다는걸 의미하기 때문에 최대한 과정을 줄이는 것이 좋다.

초중고 수학 상담을 하러 온 학부모들을 만나면 의외로 많은 자녀들이 기본적인 것을 자주 실수해서 틀린다는 얘기를 듣곤 했었다. 그런 자녀들에게 우선적으로 베다수학을 가르쳤을 때 그 효과는 탁월했다. 시간이 남았을 뿐 아니라 검산까지 할 여유가 생기면서 시험성적은 상승했다.

문제를 풀기 위해 소요되는 시간은 현대의 여러 시험체계에서 합격의 당락을 결정 짓는 중요한 요소로 작용한다. 빨리 푸는 사람이 합격하고 많이 푸는 사람이 그 능력을 인정받는다. 기존 수학공부 방식에서 벗어나 다양하고 빠르게 접근할 수 있는 베다수학공부를 해야한다.

'자녀들에게 경쟁력 있게 살아야 한다. 시험을 잘 봐야 성공한다. 수학이 중요하다.'고 말하면서 강력한 베다수학을 알려주지 않는 것은 부모의 직무유기다. 어렵지 않게 배울 수 있는데 가르치지 않을 이유가 있을까? 인생을 말할 때 빠르기보다는 방향이 옳아야 한다고 하는데 베다수학은 그 둘을 다 만족 시킨다. 베다수학을 공부하고 다양한 세계적 기업에서 인정받는 인도인들을 보면 사례가 명확하지 않은가?

3

쉽다 단순하다 재밌다

수학은 어렵다. 초중고 12년동안 학교나 학원에서 배우는 수학은 배우는 과정 자체가 어렵다. 안그래도 단계별 이해가 중요한 과목인데 내 수준과 무관하게 가르치기 때문에 더욱 어렵다. 그래서 최대한 단순화 시키고 쉽게 가르치려는 노력이 중요하다. 베다수학을 마스터하는 과정을 거치면 수학은 쉽고 흥미로운 과목이 된다. 많은 학생들에게 베다수학을 소개하고 가르쳤을 때 반응은 크게 다르지 않았다. 신기하다. 빠르다. 쉽다. 재밌다. 어렵다고 생각했던 수학이란 과목에 반응이 아주 긍정적이었다. 물론 시니컬한 학생도 있었다. 그런 학생들은 공부를 잘해서라기 보다 배움에 대한 열정이 부족한 경우가 많았다. 원래 인간은 새로운 것을 배울 때 희열을 느낀다. 기본적으로 호기심을 갖고 태어나기 때문에 본능적으로 새로운 것을 학습하고 진화하는데 즐거움을 느낀다. 그런 측면에서 바라봐도 베다수학을 학습한다는건 플러스 알파의 효과를 기대해도 좋다는걸 의미한다.

초등학교 4학년 때 처음으로 수학학원에 다녔다. 학원에서 금새 두각을 나타내 원장님의 총애를 받는 학생이 되었다. 학교 수업 이외에 다른 공부를 한다는것에 흥미를 느꼈고 똘망똘망한 눈으로 수업에 집중했다. 그러다 이해가 안되는 부분이 있어서 원장님께 질문을 했었다. 그 때 어떤 질문을 했었는지 생각은 안나는데 원장님이 보시기엔 공부 잘하는 학생이 이런 질문을 한다는게 이해가 안되셨던것 같다. 정말 몰라서 묻는거냐고, 선생님한테 장난치면 안된다고 재차 확인하셨는데 난 정말 이해가 안된다고 답했었다. 그런 상황이, 나의 모습이 당혹스러우셨는지 아니면 장난친다고 생각하셨는지 크게 혼났던 기억이 있다. 이때 부터 학교든 학원이든 질문을 하고 싶을 때는 심하게 고민을 했었다. 물어봐도 되는건지 너무 기본적인 질문은 아닌지 쓸데없는 생각을 하게 됐다. 그런 경험 때문에 나는 그렇다 쳐도 내가 가르치는 학생들은 자유롭게 질문하고 하나하나 알아가는 즐거움을 느끼게 해주고 싶었다. 그래서 대학시절부터 어떻게 하면 쉽게 가르칠 수 있을지 더 근본적인 기초개념을 찾기 위해 노력했었다. 그러다 알게 된 베다수학 덕분에 기초가 많이 부족한 학생들에게 큰 도움을 줄 수 있었다. 잘하면 잘하는 대로 못하면 못하는 대로 학생들에게 도움을 주게 되면서 더욱 베다수학 전도사가 되어갔다. 좋은건 나누고 싶은 마음에 더욱 그랬다.

"몇 살이야?"라고 아이들에게 물으면 작은 손가락을 펴며 자신의 나이를 말해준다. 손가락 갯수가 무엇을 의미하는지 모르기 때문에 두개를 펴는지 세개를 펴는지는 관심이 없다. 틀리게 펴면 옆에 있던 엄마가 바로 잡아주니까 생각하지 않아도 된다. 어느 정도 숫자에 대한 인식이 생긴 아이들에게 "내년엔 몇살이야?"라고 물으면 머릿속에서 여러 단계를 거쳐야 한다. '내년'의 의미, '더하기'의 의미를 아는지 모르는지에 따라 대답의 정도가 나뉜다. 이렇게 일상에서 흔히 묻는 질문에서 아이들은 숫자의 개념을 차근히 배울 수 있다. 답을 정확히 말하지 못해도 다그치지 않는다. 그렇게 유아기를 보낸 아이들이 단체로 선생님께 배우기 시작하면서 수학에 대한 본인의 생각을 정립 해 나간다. 이 때 본인이 잘한다고 생각하고 더 알아가려는 호기심이 발동하면 좋은데 대게는 수학은 재미없고 어려운 과목이라고 느끼기 시작한다. 학년이 거듭될 수록 그 마음이 심해지는건 자연스러운 현상이다. 누차 말했던 것처럼 수학은 연계성이 깊은 과목이라 한 단계씩 이해하며 나아가야 하기 때문이다. 그래서 그런 '수학포기'의 기운이 생기기 전에 베다수학을 접해야 한다. 쉽게 배울수록 자신감이 붙고 학교에서 배우는 수학개념을 친구들보다 빠르게 이해하게 되면서 훨씬 많은 시간을 다음 단계에 쏟을 수 있다.

대치동을 비롯한 학구열 높은 동네에선 초등학교를 졸업하기 전에 수학의 정석 고1과정을 배운다. 생각지도 못한 속도로 선행을 하는 이유가 결국 대입을 위한 목표 때문이다. 고등학교 때는 학생부종합전형, 수능 등에 시간을 더 쏟기 위해 수학을 미리 끝낸다. 선행을 하는것에 반감을 갖고 역효과를 말하는 사람들이 많은데 한국처럼 '주입식교육'의 체계 아래에선 안좋은 사례를 많이 볼 수 있기 때문이다. 미국에선 학생들이 대입을 위한 수학공부에 우리나라 학생들처럼 매진하지 않는다. 한국처럼 틀리라고 내는 문제를 풀기 위해 시간을 쏟고 선행을 하는게 아니라 대학교때 학습하는데 문제없는 정도로만 기초실력을 쌓으면 된다. 한국에서 중고등학교 때까지 배우고 유학을 간 학생들이 미국에서 같은 나이 또래가 배우는 수학이 쉽다고 말하면서 정작 대학교에가서는 뒤처지는 경우가 많다. 문제푸는 요령을 학습하는데 시간을 쏟지 않고 수학의 본질적인 개념을 이해하는데 시간을 썼기 때문인데 이처럼 기초의 탄탄함이 중요하다. 베다수학은 기초를 단단하게 쌓으면서 속도전에서도 좋은 효과를 나타낼 수 있게 돕는다. 초등학교 수학의 반 이상이 사칙연산이기 때문에 베다수학을 통해 연산을 마스터하고 나머지 과정을 즐기면 훨씬 시간이 단축 된다. 다음 단계로 넘어가는데 있어서 점점 속도가 빨라지는데 베다수학을 공부하면서 충분히 생각하는 힘이 길러졌기 때문이다. 말했던 것처럼 선행이 나쁜게 아니라 이해가 동반되지 않은 선행, 기초를 단단히 하며 다양한 사고를 할 수 없게 하는 선행이 나쁜 것이다. 충분히 이해하며 창의적으로 문제를 바라보는데 다음 단계로 나아가는걸 머뭇거릴 이유가 없지 않은가.

'단순함은 궁극의 정교함이다' 레오나르도 다빈치가 말하고 스티브 잡스가 추구했던 애플의 슬로건 이다. 단순함은 복잡하지 않고 간단함을 의미하고 정교함은 내용이나 구성 따위가 정확하고 치밀함을 말한다. 베다수학을 설명하면서 이 말을 꺼낸 이유는 베다수학의 단순함이 결코 낮은 수준이라고 치부하지 않기를 바라는 마음에서다. 많은 사람들이 단순한것과 쉬운것을 혼동하곤 하는데 베다수학은 이 둘의 의미를 모두 가지고 있다. 어린 아이들도 배울 수 있을 만큼 어렵지 않아서 쉽다. 개념들간의 연계성이 복잡하지 않아서 단순하다. 레오나르도 다빈치가 단순함이 궁극의 정교함이라고 말한 것처럼 베다수학도 궁극의 정교함을 가지고 있다. 16개의 경전과 그 이하 부수 내용까지 하더라도 몇 안되는 개념들인데 세계암산대회에서 금메달을 따는데 결정적 역할을 할만큼 정확하고 치밀하다. 그동안 우리나라에 베다수학이 많이 알려져 있지 않았던 과거의 상황과는 다른 차원의 속도로 변하고 있는 4차산업혁명 시대엔 되려 단순함이 필요하다. 지식과 정보가 넘쳐 흘러 소화를 시키기 힘든 상황에서 정교함을 갖고 단순하기도 한 지식이라면 두 팔 벌려 받아들여야 하는것이 좋다. 복잡한 시대에 뇌에서 복잡한 프로세스를 거쳐 산출되는 것에 피로감을 느끼는 것보다 즉각적으로 내보낼 수 있는 지식을 쌓아야 한다. 방대한 지식과 정보를 더욱 복잡하게 얽히고설키는 일은 인공지능이 훨씬 더 인간보다 출중하게 해낼 것이다. 그렇기 때문에 인간은 지식의 방대함 속에서 최대한 단순화 시켜 핵심을 찾아내고 적합한 문제해결 방법을 찾아내는 방법을 익혀야 한다.

쉽고 단순한 베다수학을 알아가면서 재밌어 하는 아이들을 보면 덩달아 기분이 좋아진다. 친구들끼리 누가 더 빨리 정확하게 푸는지 대결하는걸 봐도 마치 놀이하는 것처럼 느끼는 것 같다. 살짝만 더 생각하게 만드는 문제를 주면 기꺼이 도전하고 생각하려는 모습을 보인다. 이 단계를 넘어서면 찾아오는 즐거움을 알기 때문이다. 아들이 좀 더 크면 가르쳐 줄 교재를 만들면서 함께 공부하며 재밌어할 모습을 상상하곤 하는데 살아가며 큰 힘이 될 선물을 주는 것 같아 벌써부터 뿌듯해진다. 이 책을 읽으며 많은 부모님들이 나와 같은 마음을 얻게 되길 바라는 마음이다. 걱정을 해야 한다면 너무 수학을 재밌어해서 다른 공부에 소홀하지 않을까 하는 생각 정도가 아닐까 싶다. 앎에 대한 기쁨을 느끼고 스스로 찾아서 공부하게 만드는 베다수학의 매력을 선물 해보자.

4

암산의 신

"5초이내로 답을 말해주세요"

"25×48=?"

"98의 97%는 몇인가요?"

"537-269=?"

월스트리트의 금융회사에서 면접 때 암산능력을 테스트하기 위한 질문을 한다.[A] 숫자를 보고 의사결정을 빠르게 해야 하기 때문에 이런 암산능력을 중요하게 생각한다. 실제로 주식이나 외환 등의 트레이딩(초단타매매)을 해보면 가격이나 수량을 빠르게 계산해야 하는 경우가 많이 생긴다. 자칫하면 큰 돈을 잃을 수도 있는 상황이 생기기 때문에 정확하고 빠른 암산은 필수다. 암산은 연필, 종이, 계산기 등의 도움을 받지 않고 머릿속으로 계산을 하는 것을 말한다. 확장적 의미로 좀 더 빠르고 정확하게 계산하기 위해 다양한 방법들을 생각해내는 것까지 포함한다. 몇 십년 전만 하더라도 동네에서 속셈학원이나 주산학원을 쉽게 볼 수 있었는데 당시에는 계산기나 컴퓨터와 같은 기기를 사용하기 힘들었기 때문이다. 요즘은 그런 학원들을 보기가 힘들어졌는데 속셈이나 주산학원에서 배우는 일련의 사칙연산과 관련된 학습의 중요성을 인지 못하기 때문이다. 더불어 기기의 발달이 일상생활에 영향을 많이 미치게 되면서 머리로 생각하지 않게 되었다. 그러나 실제 암산의 중요

A 위키백과

성은 아무리 강조해도 지나치지가 않는다. 미국에서는 mental math 와 관련된 책이 많이 나와있는데 베다수학을 활용한 암산방법들이 주를 이룬다. 내가 자녀가 태어나면 꼭 베다수학을 가르쳐야겠다고 생각하게 된 이유 중 하나다.

어떤 수학문제를 접했을 때 일반적으로 한가지 풀이방법을 생각하게 된다. 학습을 할 때는 하나의 문제에 대해 다양한 풀이방법들을 생각하고 찾아보면서 문제해결력을 길러야하는데 객관식 시험에 익숙한 한국에서는 그런 학습태도를 갖추기 어렵다. 수학에서 다양한 해결방법을 생각하는것은 수감각을 기르고 창의적 사고를 길러주는 등 많은 긍정적 요소를 보인다. 주위에서 영재라고 불리는 아이들은 이렇게 하나의 문제에 대해 다양한 해결 방법을 생각해 낼 줄 아는 능력을 갖추고 있다. 문제의 답을 맞추는 단순 행위 이전에 습득한 지식을 다양하게 활용하고 표현하는 일련의 과정들이 몸에 잘 베였다고 볼 수 있다. 암산은 다양한 문제 해결 방법을 생각해내는 능력과 밀접한 관계가 있어서 꼭 길러야 한다. 암산을 머릿속으로 계산하는 행위로만 받아들일 것이 아니라 다양한 긍정적 의미를 알아야 한다. 위에서 말한 것처럼 수감각이 길러진다. 수의 구조를 이해하고 다양하게 재결합, 재분해 하는 등의 활동으로 이어지도록 돕는다. 수감각을 다양하게 표현할 수 있는데 간단하게 '연산의 과정에서 필요한 단순한 계산적 의미와 실제적 상황에 대한 이해 및 처리 능력'으로 알면 된다. 두번째로 사고력이 향상 된다. 문제 해결을 위한 방법을 다양하게 생각하게 되면서 창의적 사고력이 자란다. 그 외에 문제푸는 시간이 절약 되고 수학적 의사소통 능력이 향상되는 등의 효과를 볼 수 있다. 암산에 대한 연구들도 많다. 살펴보면 암산 능력이 향상되면 수학에 대한 태도, 공부습관 등에 긍정적 효과가 나타난다고 한다. 거기에 활발한 두뇌 활동으로 인해 심리적 스트레스도 감소한다고 하니 앞에서 베다수학을 힐링수학이라고 말한 것도 타당한 표현이라고 볼 수 있다.

암산을 할 때 활용할 수 있는 주요 전략들을 살펴보자.

☑ 덧셈 전략

① 367＋154 = ?

(300＋100)＋(60＋50)＋(7＋4) = 400＋110＋11 = 521의 과정으로 풀면 덧셈이 쉬워진다. 각 수를 백의자리, 십의자리, 일의자리로 분해해서 따로 계산을 했다. 올림 없이 풀 수 있는 직관적인 방법이다.

② 56＋48 = ?

(56-2)＋(48＋2) = 54＋50 = 104, 48에 2를 더해서 50이라는 쉬운 수를 만들었다. 50과 54를 더하는 방법이 훨씬 쉽다. 48에 2를 더했으니 56에서는 2를 빼준다.

③ 45＋14＋13＋26=?

(45＋13)＋(14＋26) = 58＋40 = 98, 14와 26을 묶어서 40이라는 쉬운 수로 만들었다. 왼쪽부터 차례대로 더하면 시간도 오래걸리고 암산도 쉽지 않다. 40과 58을 더하는건 암산으로 쉽게 가능하다.

☑ 뺄셈 전략

Ⓠ 138－69＝?

(138＋1)-(69＋1)＝139-70＝69, 뒤의 69에 1을 더해서 70을 만들었다. 앞의 138에도 1을 더한 뒤 70을 빼는 방법이다. 간단한 수의 변형으로 뺄셈을 쉽게 할 수 있다.

☑ 곱셈 전략

Ⓠ 25 × 48＝?

(25×4)×(48÷4)＝100×12＝1200, 25에 4를 곱해서 100을 만들었다. 25에 4를 곱했으니 48은 4로 나눈다. 100과 12의 곱은 암산으로 충분히 가능하다. 이런 수의 구조화 없이 두자리 수의 곱셈을 하려면 세로식으로 쓰고 하나하나 곱해야 하는 번거로움이 있다.

이외에도 많은 전략이 있겠지만 여기선 암산을 쉽게 할 수 있다는 느낌만 전달하기 위해 소수의 방법들을 적었다. 이 전략들 모두 베다수학에 기반한다. 문제를 푸는 방식을 보면 숫자를 다양하게 구조화 시켰다는걸 알 수있다. 이렇게 하는 이유가 암산을 보다 쉽게 하기 위해서 숫자의 변형이 필요하기 때문이다. 간단한 연습으로도 충분히 방법들을 익히고 암산에 활용할 수 있다. 학교에서 배우는 방법으로는 절대 이런 생각을 할 수 없다. 수감각이 뛰어난 학생들은 숫자를 볼 때 단순히 숫자 자체로만 생각하지 않는다. 예를 들어 '31'이란 숫자가 있으면

30+1, 28보다 3큰 수 35보다 4 작은 수, 달력에서 한달의 일 수 등 다양한 의미로 만들어 낼 줄 안다. 암산은 이렇게 다양하고 유연한 사고를 가능하게 한다. 정해진 방법만 적용시키는게 아니라 사람마다 본인에게 맞는 다양한 풀이 방법을 생각할 수 있다. 기본적으로 사칙연산을 배울 때 다양한 방법들을 배우고 취사선택할 수 있게 해주면 좋은데 학생들을 보면 대부분 같은 방법으로 계산을 한다. 사고력이 향상되기도 어렵지만 이해능력도 제한적으로 키워지게 된다. 이런 이유로 부모님의 작은 관심이 필요한 것이다. 자녀들에게 알 수 있는 기회를 주어야 한다.

세계암산대회에서 금메달을 수상한 인도인이 억단위의 곱셈을 26초만에 푼 사실은 과연 인간으로서 가능한 일인가 싶다. 그의 인터뷰 내용을 살펴보면 곱셈을 쉽게 풀기 위해 덧셈으로 변형을 시켰다. 발상도 좋고 연습을 통해 빠른 속도로 정답을 찾는 능력도 귀감을 살 만하다. 연습을 통해 충분히 암산 능력은 길러질 수 있다. 베다수학 프로그램 광고 중 998×997를 5초만에 푼다는 걸 본 적이 있다. 5초만에 풀려면 종이에 써가면서 풀 수 있는게 아니다. 암산으로 푼다는 것인데 베다수학에는 이런류의 해결 방법들이 많다. 지금 자녀의 수준이 어떻든 연습을 통해 충분히 암산으로 풀 수 있다. 암산으로 풀면서 자연스럽게 집중력도 생기고 뇌의 발달도 돕는다. 사람의 뇌는 우뇌, 좌뇌로 구분되어 있는데 우뇌는 신체의 왼쪽을 컨트롤하고 좌뇌는 신체의 오른쪽을 컨트롤한다. 사람마다 한쪽의 뇌 사용이 발달하게 되는데 오른손잡이, 왼손잡이 처럼 특징적으로 나타난다. 우뇌는 주로 감각적이고 창의적인 분야를 담당하고 좌뇌는 논리, 수학, 이성적인 분야를 담당한다. 새롭고 익숙하지 않은것은 우뇌에서 담당하고 수학적인 부분을 좌뇌가 담당하기 때문에 베다수학은 양쪽 뇌를 발달 시킬 수 있다. 정규과정과 다른 방식으로 사칙연산을 하게 되고 수를 자유자재로 변형시키는 등의 활동이 우뇌를 자극하고 기존에 알고 있는 지식 등의 수학적 활동은 좌뇌를 자극하게 된다. 뇌를 고루 발달 시킨다고 주로 쓰는 손의 반대 손을 쓰게 한다거나 해당 활동을 하게 하는 경우가 많은데 베다수학은 자연스럽게 양쪽뇌를 발달 시킬 수 있다.

암산을 잘 하면 여러가지 긍정적인 효과들 중 수학적 사고력이 커지고 수학에 대한 흥미 자체가 커진다는게 흥미롭다. 실제로 베다수학을 가르쳤던 학생들은 수업시간에 재밌어 했다. 정해진 커리큘럼을 소화하고 나면 공부했던 시간들을 참 많이 아쉬워 하며 더 배울 수 있냐고 묻곤 했었다. 푸는 방법들에 익숙해 지면 암산으로 정답을 찾는 연습을 하곤 했는데 점점 시간도 빨라지고 본인들만의 방법을 찾기도 했다. 세계암산대회의 금메달 수상자 처럼은 아녀도 친구들 사이에서 '암산의 신' 이라며 우쭐 해 지지 않았을까. 이 책에 나와있는 몇 가지 베다수학 내용을 아이들이 익숙할 때 까지 연습시켜 보면 금새 흥미로워 하는걸 느낄 수 있다. 그걸 계기로 수학 자체에 대한 흥미로 이어질 수 있게 해보자.

5 숫자야 놀자

물건을 판다고 해보자. 마케팅 수단으로 할인을 해줄지 하나를 더 줄지 고민 중이다.

예를 들어 하나에 1000원에 판매하고 원가가 700원인 노트가 있다.

1안. 한개당 10% 할인

2안. 10개 사면 1개 덤

소비자 입장에서 언뜻 생각하면 10개사서 10%할인 받는거나 10개 사고 1개 더 받는거나 별반 다르지 않을 것 같다. 그냥 할인받고 싶으면 1안, 한개 더 받고 싶으면 2안을 선택할 것 같다. 그러나 판매자 입장에서 보면

1안. 10개판매시
: 매출 10,000원 - 원가 7,000 - 할인1,000원 = 순이익 2,000원

2안. 10개판매시
: 매출 10,000원 - 원가 7,700원 = 순이익 2,300원

작은 가게에서도 이렇게 숫자로 접근하는 것이 도움이 되는데 큰 기업에서 숫자의 중요성은 말하면 입 아플 정도다. 기업에서의 경영은 숫자를 잘 다룰 줄 아는것이 핵심이다. 재무제표에는 숫자가 대부분이다. 주식투자를 할 때나 회사의 재무상태를 파악하는데 있어 재무제표를 보는 눈이 있어야 하는데 회계적 지식도 중요하지만 숫자에 대한 감이

있어야 한다. 회계적 지식이야 경영에 필요한 부분을 배우면 그만인데 계산된 숫자들을 보고 이리저리 연산하며 필요한 부분을 얻어내는건 숫자를 잘 가지고 놀 줄 알아야 한다. 오죽하면 옛부터 장사하는 사람들을 낮잡아보고 믿지 말라 했을까. 상대하면 할수록 내가 손해를 본다는 생각을 할 만큼 장사하는 사람들이 숫자에 밝았다.

대게 숫자를 활용한 대화는 설득력을 갖는다. 듣는 입장에서도 숫자로 얘기할 때 더 믿음이 간다. 핸드폰을 사러 갔을 때 호갱이 되는 이유도 숫자를 들으면 괜히 믿음이 가기 때문에 덜컥 사게 된다. 선할인, 약정기간 등 빠른 말 속에 담긴 숫자를 들으면 이해도 안되는데 어느새 결제를 하고 있는 자신을 발견한다. 거래처를 만드는 현장에서 "저희랑 거래하면 매출이 훨씬 많이 오를꺼에요" 말하는 거래처보다 "(과거의 데이터를 제시하며) 저희랑 거래하면 향후 매출 증가율은 15%이고 이익률은10%로 증가하는걸 알 수 있습니다."라며 말하는 거래처가 더 믿음이 간다. 숫자는 이렇게 판단을 돕는 명확성을 갖고 있다.

은행으로 가보자. 평균 연간수익률이 지금까지 4%정도 되는 금융상품을 설명 들으며 예적금보다 훨씬 높은 이자를 받으실 수있으니까 꼭 가입하라는 설명을 듣는다. 내가 어떤 목적으로 언제까지 돈을 모아야 하는지 생각했던 계획은 온데간데 없고 수익률에 혹해서 가입을 한다. 직원이 설명하는 평균 연간수익률 4%가 좋아보이지만 내가 가입한 시점부터 마이너스를 보일수도 있다. 평균의 의미가 꼭 플러스 수익률의 합을 나눈게 아닐수도 있기 때문이다. 이렇게 숫자는 누군가에겐 설득에 힘을 주는 강력한 도구가 되기도 하고 누군가에겐 맹목적으로 믿게 되는 현혹의 대상이 되기도 한다.

중요한 협상 테이블에서 숫자를 빠르게 인식하고 판단하는 능력은 더욱 빛을 발한다. 말은 잘하는데 숫자에 약해서 "잠시만요"하면서 계산하는 모습은 신뢰성이 확 떨어진다. 협상할 때는 흐름이 중요한데 흐름이 꺾일 수 있다. 야구에서 커다란 실책 하나에 분위기가 상대편으로 넘어가는 경우와 비슷하다. 야구 얘기가 나와서 생각나는데 영화 '머니볼'에서도 스카우터가 데이터를 토대로 선수를 스카웃 하는걸 볼 수 있다. 숫자는 야구에서도 빼놓을 수 없다. 회사에서 회의 시간에 안건에 대한 대화가 오가는데 혼자만 잘 못 따라가는 경우가 생길수도 있다. 이러다보면 어영부영 다른 사람의 의견을 따를 수 밖에 없는 결과가 생긴다. 실제 회사 협약과 관련된 미팅에 참여한 적이 있는데 숫자를 제시하며 얘기했을 때 상대가 잘 못 따라 오는 경우 쉽게 협약이 이루어지는걸 봤었다.

숫자가 들어간 법칙도 일상생활에서 유용하게 쓰인다. 파레토법칙으로 유명한 20:80 법칙은 여러분야에서 쓰인다. 회사에서 매출의 80%를 담당하는 직원은 전체직원의 20%, 우리 가게의 주 수입원은 전체 물건 중 20% 등 많은 사례들이 있다. 금융쪽에서는 72법칙도 자주 쓰인다. 연간 수익률이 3%인 상품을 가입 중이라고 할 때 투자자산의 2배가 되는 시기는 72/3=24년 후이다. 2% 수익률이라면 72/2=36년 후에 자산의 2배가 된다. 수익률을 가정하고 자신의 자산이 2배가 되는 시기를 알 수 있다.

숫자가 들어간 책도 잘 팔린다. '1%'란 단어가 들어간 책들이 10년 이상 계속 새 책으로 출간되고 있고 베스트셀러가 되었다. '하버드 상위 1%의 비밀' 'change 9' '돈 버는 80가지 습관' 등이 최근 숫자가 들어간 베스트셀러 책이다. 마케팅에선 '3의 법칙'도 잘 쓰인다. 원래 '3의법칙'은 같은 행동을 하는 사람이 3명이 되면 다른 사람들이 그 행동에 동조한다는 현상을 말한다. 예를 들어 길거리에서 3명의 사람이 어느 한 곳을 응시하고 있으면 지나가던 사람이 멈춰서 같은 곳을 바라보는 식이다. 마케팅에선 한국사람들이 숫자 '3'을 좋아해서 인지 설득을 위한 방편으로 사용을 많이 한다. 물건을 사야하는 이유를 설명할 때 3가지로 나눠 설명하면 훨씬 설득력이 생긴다. 1,2가지는 뭔가 부족한 거 같고 4,5가지는 좀 많아 보인다. 스티브잡스도 프리젠테이션을 할 때 3가지로 말하기를 즐겼다. 말하고자 하는 주장을 3가지로 강조하면 듣는 사람은 쉽게 이해한다. 글을 쓸 때도 서론-본론-결론으로 나눠서 쓴다. 상-중-하, 금-은-동, 가위-바위-보 등 3가지로 표현한 것들이 많다. 이렇게 숫자는 우리 삶에서 뗄 수 없는 중요한 부분을 담당한다.

숫자를 잘 다룬다는 건 오랜시간 두뇌에서 숫자를 받아들이는 연습을 했다는 것을 의미한다. 이렇게 숫자를 친숙하게 느끼는 시간들을 보내면 다른 사람들이 숫자를 말할 때 더욱 집중이 된다. 아무래도 친숙하게 느끼는 부분이 이해가 빠르고 받아들이기 쉽기 때문이다. 실제 일상에서 쓰이는 숫자는 고도의 이해력을 요구하거나 지식을 요구하는 것이 아니다. 기본 사칙연산만 빠르고 정확하게 할 줄 알면 왠만해선 숫자를 친숙하게 느낄 수 있다. 회의 시간에 나오는 숫자들은 비율이나 통계 데이터 등이 많은데 사칙연산을 할 줄 아는 정도면 된다. 이해하는 시간의 차이가 있을 뿐 몰라서 지나가는 경우는 많지 않다. 그러나 급변하는 시대에 남들보다 경쟁력을 갖춘 사람이 되려면 이런 사칙연산에 준하는 이해도 빠르면 빠를수록 좋다. 앞서 말했던 것처럼 실시간으로 대화가 오가는 도중에 "잠시만요" 할수는 없지 않은가. 살아가며 쓰이는 수학적 재능이 이곳저곳에서 발휘 될 수 있게 하려면 그만큼의 시간을 쏟아야 한다. 물론 같은 시간을 쓰더라도 더 효율적으로 쓰는 방법을 찾아야 한다. 그래서 베다수학을 누구나 배우길 희망하는 것이다. 쉽게 생각하는 사칙연산의 측면에서만 보더라도 10배 이상의 속도차이가 난다. 베다수학을 공부할수록 암산하는 능력도 커져 대화 속에서 나오는 숫자들은 "잠시만요" 하지 않아도 충분히 흐름을 이어갈 수 있다. 더 빠른 두뇌회전으로 나에게 더 이익이 되는 제안을 할 수도 있다. 굳이 비교하지 않아도 다른 동료들과 비교가 될 수 밖에 없다. 학교에서 친구들 사이에 수학 잘하는 친구로 인식되어 더 잘하고 싶은 긍정적인 욕심도 생기게 된다. 숫자를 가지고 논다는게 어떤 의미인지 베다수학을 공부해본 사람들은 느낄 수 있다. 나도 정규과정대로 공부를 하며 자랐지만 베다수학을 알고 난 뒤론 초등학생 때부터 배웠으면 좋았겠다는 생각을 떨칠 수가 없다. 빠르고 정확하게 푸는것도 좋은데 숫자를 대하는 태도가 달라졌다. 기존에 배웠던 수학적 개념을 다양한 각도에서 바라볼 수 있는 여유가 생겼다.

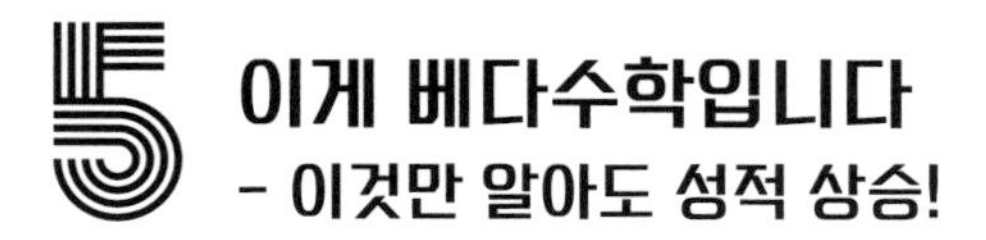

1

덧셈편

베다수학을 배워보자. 이 책에서는 베다수학의 맛보기 정도를 배우고 준비중인 베다수학 교재가 나오면 그때 정식으로 배우면 된다. 기본적인 사칙연산에서 쉽게 쓰일 수 있는 몇가지를 다뤘고 여기에 쓰인 풀이방법만 익혀도 기존보다 빠르게 풀 수 있다. 그 외에 발상의 전환을 느껴봤으면 좋겠다. 기존 정규과정에서 배운 사칙연산이 아니라 '수를 이렇게도 다룰 수 있구나'란 다양한 접근방식을 느껴보는 것이 중요하다. 초등학교 저학년의 경우 더 쉬운 수준부터 가르쳐야겠지만 이 책에서는 초등학교 고학년의 수준에 맞춰 이해가능한 수준으로 풀이했다.

10으로 만들기

[합해서 10이 되는 쌍]

0	1	2	3	4	5	6	7	8	9	10
10	9	8	7	6	5	4	3	2	1	0

26＋158＋34＋61＋72＋79를 계산하라.

❶ 1의자리 수의 합이 10인 숫자부터 찾아서 쌍을 만든다.

= (26＋34)＋(158＋72)＋(61＋79)

= 60＋230＋140

❷ 다음 자리수에서도 합이 10인 숫자가 있으면 찾아서 쌍을 만든다.

= (60＋140)＋230

= 200＋230

= 430

46＋15＋13＋22＋34를 계산하라.

= (46＋34)＋(15＋13＋22)

= 80＋50

= 130

쉬운수로 쪼개기

이렇게 숫자를 문제에 따라 빠르게 풀 수 있는 방법으로 쪼갠다. 정규과정에서는 대체로 숫자 그대로를 가지고 계산을 한다. 숫자를 마음대로 다루는 연습을 하는 동안 창의적 사고가 자란다.

예시 ››››

① 24 = 20＋4 = 30－6

② 49 = 40＋9 = 50－1

③ 654 = 600＋50＋4 = 660-6

④ 893 = 800＋90＋3 = 900－7

17＋19를 계산하라

= 17＋(10＋9)

= 27＋9

= 36

75＋93을 계산하라

= 75＋(90＋3)

= 165＋3

= 168

76+57을 계산하라

$= (70+6)+(50+7)$

$= (70+50)+(6+7)$

$= 120+13$

$= 133$

84+59를 계산하라

$=(80+4)+(\mathbf{60-1})$

$=(80+60)+(4-1)$

$=140+3$

$=143$

496+758+245+665를 계산하라

$= (500-4)+(760-2)+(250-5)+(\mathbf{650+15})$

$= (500+760)+(250+650)+(\mathbf{15-4-2-5})$

$= 1260+900+4$

$= 2164$

문제를 보고 어떻게 숫자를 어떻게 나눌지 생각하는 연습이 필요하다. 익숙해지면 빠른 풀이가 가능해진다. 초등학생에게 물어보면 대게 앞에서 부터 숫자를 세로로 쓰고 시작한다.

문제 06

177+247을 계산하라

= 177+(**3+244**)

= 180+244

= 424

문제 07

81654+51845+5401+347 = ?

= (80000+1000+600+50+4)+
(50000+1000+800+40+5)+(5000+400+1)
+(300+40+7)

= (80000+50000)+(1000+1000+5000)+
(600+800+400+300)+(50+40+40)+(4+5+1+7)

= 130000+7000+2100+130+17

= 139247

각 단계는 설명을 위해서 자세히 썼지만 실제 연습이 된 아이들은 단계의 생략이 많다. 사실 궁극적으로는 이런 숫자의 구조화를 통해 암산을 좀 더 쉽고 빠르게 하는데 목적이 있다. 숫자를 본인이 생각한 풀이 방법대로 구조화 하는 작업은 창의력 증진에 도움이 될 뿐더러 수학의 흥미를 느끼게 되는 이유가 된다. 학교에서 배운 방식도 좋지만 베다수학을 통해 숫자를 자유자재로 생각하게 되고 훨씬 능동적인 태도가 자라게 되는 것이다. 미국에서 아이들에게 베다수학을 가르치는 큰 이유 중 하나가 수학에 대한 흥미유발에 있다.

2

뺄셈편

뺄셈 역시 숫자의 구조화가 중요한 관건이다. 기본적인 숫자 쪼개기부터 같은 수를 더하고 빼는 방법 등을 살펴보려고 한다.

☑ 숫자 쪼개기

23-17 = ?

풀이 01

$= (20+3)-(10+7)$

$= (20-10)+(3-7)$

$= 10-4$

$= 6$

풀이 02

$= 23-(10+7)$

$= 23-10-7$

$= 13-7$

$= 6$

363-277 = ?

풀이 01

$= 363-200-70-7$

$= 163-70-7$

$= 93-7$

$= 86$

풀이 02

$= (300+63)-277$

$= (300-277)+63$

$= 23+63$

$= 86$

문제 03

$$\begin{array}{r} \mathbf{5\ 3}\ 7\ 1 \\ -\ \mathbf{4\ 4}\ 5\ 3 \\ \hline \end{array}$$

➡ $\mathbf{53-44}=9$

$71-53=18$

➡ 답 = 918

문제3은 네자리 수를 (일의자리, 십의자리 / 백의자리, 천의자리) 두 개씩 쪼개서 풀이한 방법이다.

문제 04

$$\begin{array}{r} \mathbf{4\ 8}\ 6\ 3 \\ -\ \mathbf{2\ 4}\ 1\ 7 \\ \hline \end{array}$$

➡

$$\begin{array}{r} \mathbf{4800}+63 \\ -\ \mathbf{2400}+17 \\ \hline =\ \mathbf{2400}+46 \end{array} = 2446$$

문제4는 문제3과 동일한 방법이다.

문제 05

$$\begin{array}{r} 7\ 2\ 4 \\ -\ 3\ 4\ 8 \\ \hline \end{array}$$

➡

$$\begin{array}{r} 700+20+4 \\ -300+40+8 \\ \hline \end{array} \quad \begin{array}{l} =\ \mathbf{600}+110+14 \\ =\ \mathbf{300}+40+8 \\ \hline =\ \mathbf{300}+70+6 \\ =\ 376 \end{array}$$

☑ a−b=(a+n)−(b+n)=a+n−b−n=a−b 활용

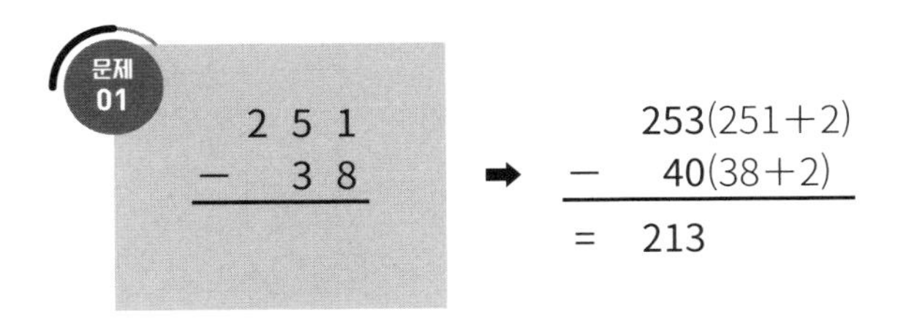

문제 02

$$\begin{array}{r} 9154 \\ -\ 2516 \\ \hline \end{array} \Rightarrow \begin{array}{rl} & 9158(9154+4) \\ - & 2520(2516+4) \\ \hline = & 6638 \end{array}$$

위 문제들은 빼기 쉬운 수를 만들기 위해서 같은 수를 더했다. 이 경우는 일의자리를 0으로 만들어서 뺄셈을 했는데 정해진 것은 아니라 본인이 원하는 숫자로 만들면 된다. 중요한 것은 그대로 뺀 것이 아니라 수의 변형을 통해 쉽게 접근했다는 것이다. 베다수학은 수를 직관적으로 만들어서 계산한다. 그래서 익숙해지면 더 빠르게 답을 낼 수 있는 것이다.

a−b=(a−n)−(b−n)=a−n−b+n=a−b 활용

문제 01

```
  3 4 1
−   7 2
```

➡

339(341−2)
− 70(72−2)
= 269

문제 02

```
  3 5 3 6
− 1 2 5 3
```

➡

3283(3536−253)
− 1000(1253−253)
= 2283

제일 큰 자리수부터 바로 계산하는 법

문제 01

```
  1 0 0 0
−   8 4 7
```

➡

= 1(**9**−8)5(**9**−4)3(**10**−7)

= 153

문제 02

```
  1 0 0 0 0
−   3 2 1 8
```

➡

= 6(**9**−3)7(**9**−2)8(**9**-1)2(**10**−8)

= 6782

3

곱셈편

베다수학의 꽃은 뭐니뭐니해도 곱셈이다. 곱셈만 제대로 배워도 시험 볼 때 시간이 훨씬 단축 된다. 하나하나 계산하지 않아도 답이 바로 보이는 케이스가 많다. 여기선 몇가지 대표적인 것만 추려서 살펴 보려고 한다. 세계암산대회에서 금메달을 딴 인도인의 계산 방법부터 배워보자.

☑ 숫자 쪼개서 곱하기

218×4 = ?

= (200＋10＋8)×4

= 800＋40＋32

= 872

5,649,189×6 = ?

= 30,000,000＋3,600,000＋240,000＋54,000＋600＋480＋54

= 33,895,134

이 방법대로 곱셈을 하면 억단위의 곱셈도 26초안에 푼다! 곱셈을 덧셈으로 만들어서 풀기 때문에 연습을 통해 충분히 암산이 가능해진다.

어떤 수 × 일의자리가 8

$4 \times 78 = ?$

$= 4 \times (\mathbf{80 - 2})$

$= 320 - 8$

$= 312$

$12 \times 38 = ?$

$= 12 \times (\mathbf{40 - 2})$

$= 480 - 24$

$= 456$

일의자리가 8일때는 2를 뺀수로 쪼개서 풀이한다.

어떤 수 × 일의자리가 9

$7 \times 29 = ?$

$= 7 \times (\mathbf{30 - 1})$

$= 210 - 7$

$= 203$

$13 \times 99 = ?$

$= 13 \times (\mathbf{100-1})$

$= 1300 - 13$

$= 1287$

☑ 두자리수×11

예시 〉〉〉〉

$AB \times 11$ = 백의자리 A / 십의자리 (A+B) / 일의자리 B

※ A+B의 합이 10이 넘으면 백의자리에 1을 더한다.

$72 \times 11 = ?$

$= (7)(7+2)(2)$

$= 792$

$43 \times 11 = ?$

$= (4)(4+3)(3)$

$= 473$

$58 \times 11 = ?$

$= (5)(5+8)(8)$

$= (5+\mathbf{1})(3)(8)$

$= 638$

세자리수×11

예시 〉〉〉〉

$ABC \times 11$
= 천의자리 A / 백의자리 A+B / 십의자리 B+C / 일의자리 C

※ A+B의 합이 10이 넘으면 천의자리에 1을 더한다.
※ B+C의 합이 10이 넘으면 백의자리에 1을 더한다.

$135 \times 11 = ?$

$= 1(1+3)(3+5)5$

$= 1485$

$423 \times 11 = ?$

$= 4(4+2)(2+3)3$

$= 4653$

238×11 = ?

= 2(2+3)(3+8)8

= 2(2+3+**1**)(1)8

= 2618

두자리수×두자리수

예시 〉〉〉〉

A B × C D = ①②③	① = A×C ② = A×D+B×C (십의자리 숫자는 ①에 더한다) ③ = B×D(십의자리 숫자는 ②에 더한다)

```
    3 4
×   2 2
───────
= ①②③
```

➡

① = 3×2 = 6

② = 3×2+4×2 = **1**4

③ = 4×2 = 8

답 = (6+**1**)(4)(8) = 748

문제 02

```
    5 8
×   3 4
───────
= ①②③
```

➡

① = 5×3 = 15

② = 5×4+8×3 = **4**4

③ = 8×4 = **3**2

답 = (15+**4**)(4+**3**)(2) = 1972

문제 03

$$\begin{array}{r} 4\ 6 \\ \times\ \ 7\ 8 \\ \hline =①②③ \end{array}$$

➡

① = 　4×7 = 28

② = 4×8+6×7 = 32+42 = **7**4

③ = 6×8 = **4**8

답 = (28+**7**)(4+**4**)(8) = 3588

십의자리가 1인 두수의 곱

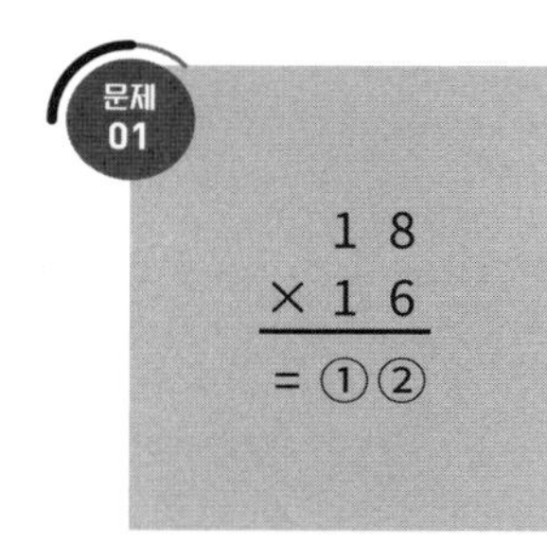

➡

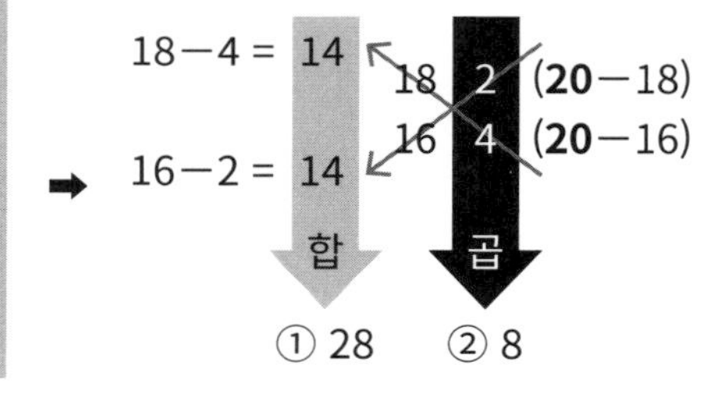

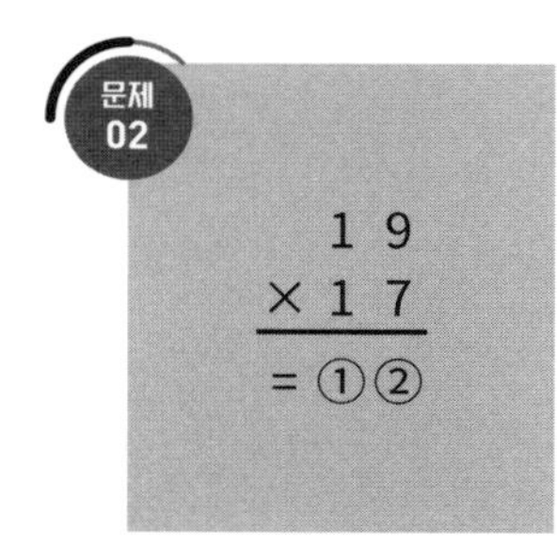

➡

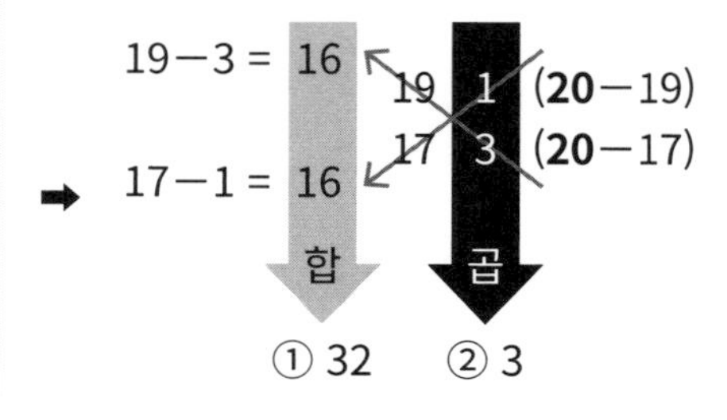

☑ 일의자리가 5인 제곱수

예시 〉〉〉〉

$$\begin{array}{r} A\ 5 \\ \times\ A\ 5 \\ \hline =\ ①② \end{array}$$

① = $A \times (A+1)$

② = $5 \times 5 = 25$

문제 01

$$\begin{array}{r} 2\ 5 \\ \times\ 2\ 5 \\ \hline =\ ①② \end{array}$$

➡ $= (2 \times 3)(25)$

$= 625$

문제 02

$$\begin{array}{r} 4\ 5 \\ \times\ 4\ 5 \\ \hline =\ ①② \end{array}$$

➡ $= (4 \times 5)(25)$

$= 2025$

☑ 십의자리가 같은 두수의 곱(일의자리의 합은 10)

예시 ››››

$$\begin{array}{r} A\ B \\ \times\ A\ C \\ \hline =①② \end{array}$$

① = $A \times (A+1)$
② = $B \times C$

문제 01

$$\begin{array}{r} 3\ 3 \\ \times\ 3\ 7 \\ \hline =①② \end{array}$$

➡
$= 3 \times (3+1)$
$= 3 \times 7$
$= (12)(21) = 1221$

문제 02

$$\begin{array}{r} 5\ 2 \\ \times\ 5\ 8 \\ \hline =①② \end{array}$$

➡
$= 5 \times (5+1)$
$= 2 \times 8$
$= (30)(16) = 3016$

여기까지 대표적인 베다수학의 곱셈을 살펴봤다. 이보다 더 많은 방법들이 있는데 여기 나와있는 몇가지만 잘 익혀도 훨씬 빠른 연산이 가능하다. 케이스마다 푸는 방법이 직관적이다. 조금만 연습해도 보자마자 답이 나오는 수준까지 끌어올릴 수 있다. 그래서 미국에선 베다수학을 암산하는 방법으로 활용한다. 처음 몇가지 곱셈 방법을 알았을 때 너무 신기해서 뭐 이런게 있나 싶었었다. 이런 것들을 우리 자녀가 익숙하게 사용한다고 생각해보라. 얼마나 학교에서 배우는 수학이 재밌고 쉽게 느껴질까.

4

나눗셈편

나눗셈을 배워보자. 베다수학의 특징은 쉽게 계산할 수 있는 숫자로 바꾸어서 계산하는 것이다. 나눗셈에서도 똑같이 적용된다.

숫자 5로 나누는 경우 10으로 변형 후 계산

$120 \div 5 = ?$

$= (120 \times 2) \div (5 \times 2)$

$= 240 \div 10 = 24$

$345 \div 5 = ?$

$= (345 \times 2) \div (5 \times 2)$

$= 690 \div 10 = 69$

숫자 25로 나누는 경우 100으로 변형 후 계산

문제 01 $240 \div 25 = ?$

$= (240 \times 4) \div (25 \times 4)$

$= 960 \div 100 = 9.6$

$720 \div 25 = ?$

$= (720 \times 4) \div (25 \times 4)$

$= 2880 \div 100 = 28.8$

간단한 수로 바꾸어서 계산

$268 \div 4 = ?$

$= (268 \div 2) \div (4 \div 2)$

$= 134 \div 2 = 67$

각 숫자를 2로 나눈다. 이런 단순한 나눗셈은 한번에 계산할 수 있지만 숫자를 쉽게 변형시켜서 계산 할 수 있다는 생각을 하는게 중요하다. 특히 처음 나눗셈을 배우는 경우 되도록 쉽게 가르치고 이해시켜야 응용력이 생긴다.

문제 02 $568 \div 8 = ?$

$= (568 \div 2) \div (8 \div 2)$

$= 284 \div 4 = 71$

같은 방식으로 풀었다. 2로 나누어도 되고 4로 나누어도 된다.

문제 03 $360 \div 15 = ?$

$= (360 \div 5) \div (15 \div 5)$

$= 72 \div 3 = 24$

각 숫자가 5의 배수인 경우 먼저 5로 나누어 주면 쉽게 풀린다.

문제 04 $120 \div 15 = ?$

$= (120 \div 3) \div (15 \div 3)$

$= 40 \div 5 = 8$

각 숫자를 공약수 3으로 나누고 시작했다. 자녀가 공약수를 배우지 않은 연령이라면 12와 15가 3의 배수니까 3으로 먼저 나눠서 간단히 만들어준 후 계산한다고 설명해주면 된다.

문제 05 $6400 \div 16 = ?$

$= (6400 \div 8) \div (16 \div 8)$

$= 800 \div 2 = 400$

나눈셈을 사칙연산에서 제일 나중에 배우는 이유는 덧셈, 뺄셈, 곱셈을 모두 이해 했을 때 풍부한 개념이해가 가능하기 때문이다. 아래에 나눗셈하는 방법을 보면 왜 그런지 이해가 된다.

2546 나누기 19를 풀어보자.

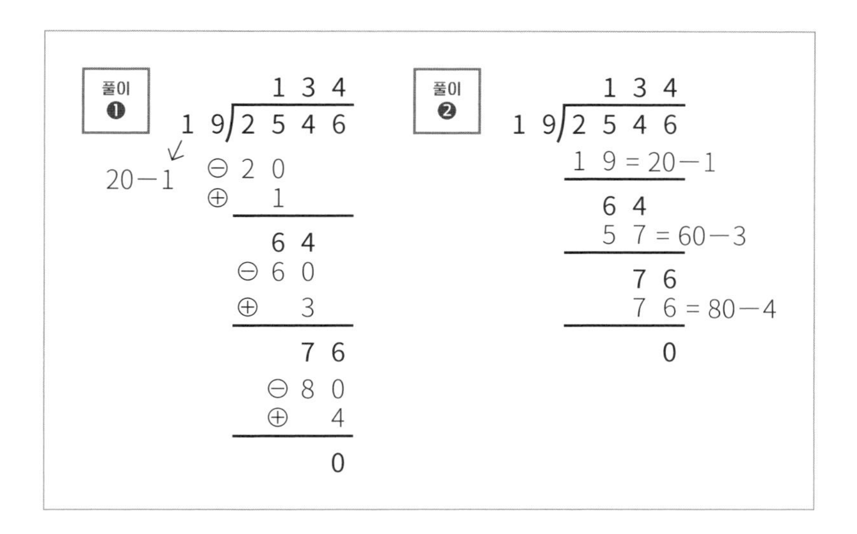

좌측은 19를 (20-1)로 변형시켜서 곱한수를 세로로 그대로 적었다. 19를 계산하기 위해 20을 더하고 1을 뺐고 57을 계산하기위해 60을

더하고 3을 뺐다. 앞서 덧셈을 배울 때 숫자를 변형하는걸 그대로 이용했다. 우측은 19=20-1, 57=60-3, 76=80-4 라는걸 암산으로 계산한 뒤 바로 적었다. 19×1,19×3,19×4를 이런 식으로 생각하면 곱셈이 쉬워진다.

4536을 18로 나누는 문제이다.

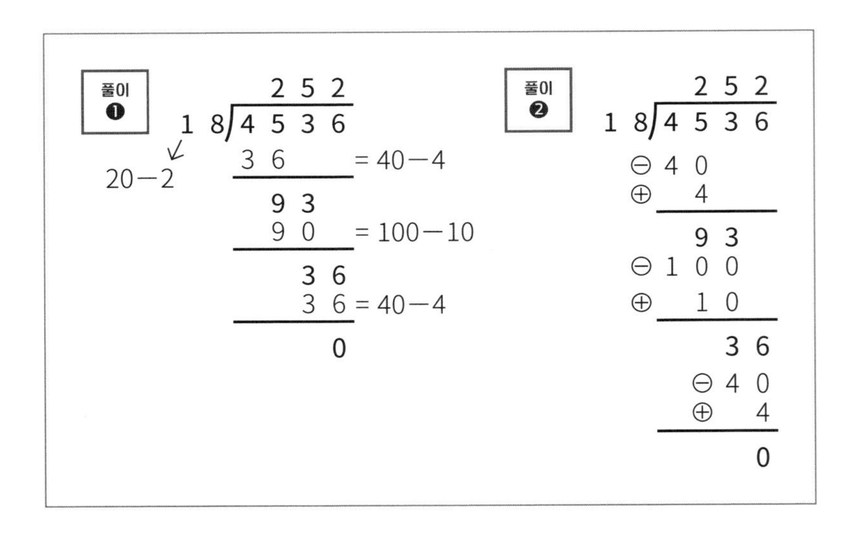

이번엔 순서를 바꿨다. 궁극적으로는 좌측처럼 풀어야 빠르기 때문이다. 이해하는 과정에서 왜 저렇게 나누는 수를 변형시켜야 하는지 알아야 하기 때문에 우측의 계산을 덧붙였다. 하나만 더 풀어보자.

34532 나누기 97을 풀어보자.

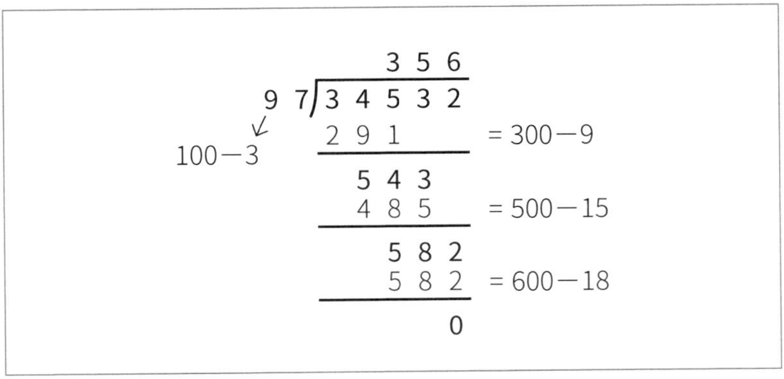

```
              3 5 6
      9 7 ) 3 4 5 3 2
        ↙   2 9 1         = 300－9
  100－3    ─────────
              5 4 3
              4 8 5       = 500－15
            ─────────
              5 8 2
              5 8 2       = 600－18
            ─────────
                  0
```

97을 100-3으로 변형한 뒤 계산했다. 이렇게 변형하지 않으면 시간이 오래 걸린다. 97의 곱셈을 하느라 시간이 더 걸리고 이 과정에서 틀리는 경우도 생긴다.

사칙연산 몇가지를 살펴봤는데 이 정도만 자녀에게 가르쳐 줘도 신기해 하며 수학에 흥미를 붙일 수 있다. 계속 말하지만 '이렇게도 풀 수 있구나'라고 느끼는게 중요하다. 그래야 정해진 방식에서 벗어난 생각을 할 수 있는 아이로 자랄 수 있기 때문이다. 이책에 베다수학 전부를 담지는 못했지만 이 챕터에 나와있는 사칙연산 방법만이라도 마스터 시키자. 우리 아이의 수학적 상상력이 자극된다.

5

그 외

곱셈을 다른 방식으로 풀수 있다.

첫 번째

79×86 = ?

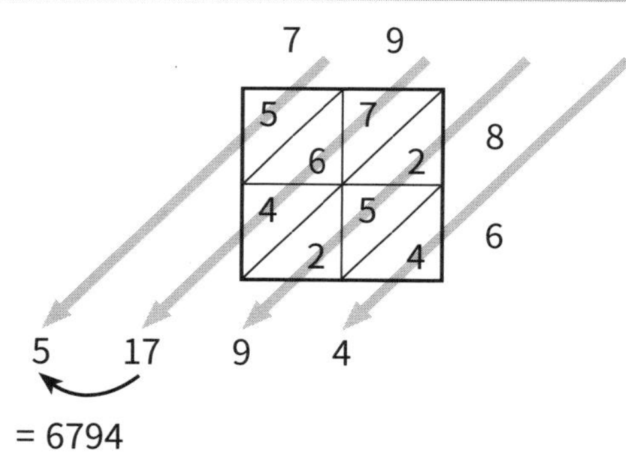

각 자리수에 맞게 직사각형을 그린 뒤 그림 처럼 칸을 채운다.

사선으로 각 숫자를 합한다.

합한 수가 10이 넘으면 올림을 해준다.

순서대로 쓰면 정답!!

문제 02 423×27 = ?

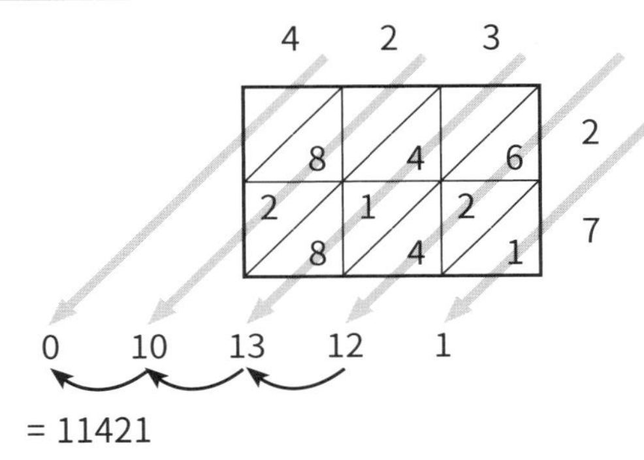

자리수가 많아도 상관없이 직사각형을 그린 뒤 칸을 채운다. 나머지는 동일.

두 번째

문제 01 23×13 = ?

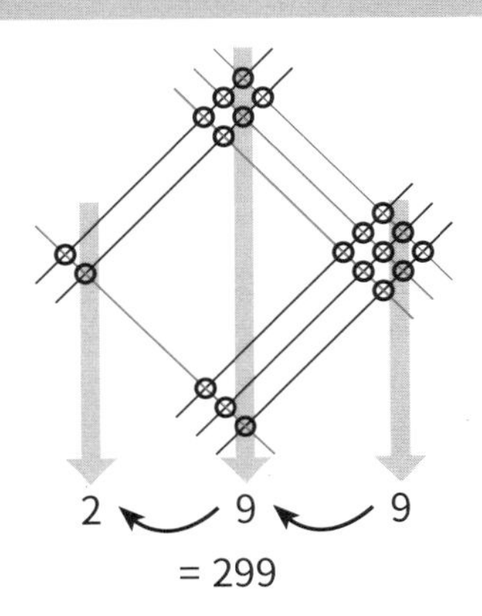

곱셈을 선을 그어서 풀수도 있다. 그림처럼 각자리수에 맞게 선을 그려준다.

겹치는 점이 몇개인지 화살표대로 합한다.

합한수가 10이 넘으면 올림해준다.

순서대로 쓰면 답!!

$312 \times 43 = ?$

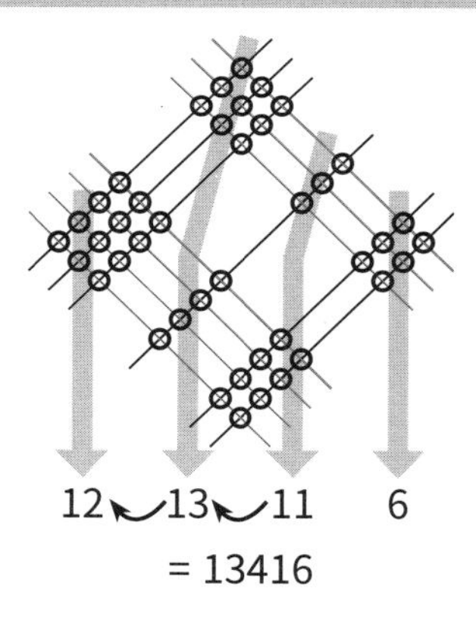

12 13 11 6

= 13416

숫자가 커지면 선의 갯수도 많아져서 비효율적일수도 있으나 처음 사칙연산을 학습하는 과정에선 흥미로운 방법이다. 마찬가지 방법으로 푼다.

6 하나만 배우는 아이, 하나로 열을 배우는 아이

1 티칭 베다수학

☑ 베다수학과 가르치기학습의 시너지

2014년, EBS 다큐프라임 '왜 우리는 대학에 가는가' 가 방영됐다. 학습 효율성을 연구한 결과에서 가장 높은 효율성을 보인 방법은 '서로 설명하기'란 결과가 나왔다. 강의듣기는 효율성 5%, 읽기 10%, 집단 토의 50% 등의 결과 속에서 '서로 설명하기'는 무려 90%의 효율성을 보였다. 누군가에게 설명을 하려면 본인이 충분히 공부하고 예상 질문을 생각해 보는 등 능동적인 학습태도가 된다. 앞서 설명 했던 것처럼 베다수학은 수학의 가장 기본적인 사칙연산에 대해 잘 다루고 있다. 기본 개념만 숙지하면 다른 사람에게 설명하는데 어려움이 없다. 계산문제, 응용문제, 서술문제 어떤 문제가 나와도 자신있게 접근할 수 있는 무기가 된다. 초등학생이 수포자가 되는 한국의 수학교육으로는 어림없는 일이다. 수학을 공부하면 기본 개념을 통해 다양한 사고를 할 수 있는 능력을 배양시킬 수 있어야 하는데 지금의 교육체계는 이를 가로막는다. 베다수학은 기본 개념조차 다양한 방식으로 접근하도록 가르친다. 그렇기 때문에 베다수학은 다른 사람을 가르치는 학습법을 만났을 때에도 큰 힘을 발휘 할 수 있게 된다. 가르치는 학습은 스스로 연구하고 상대의 질문에 답해 주기 위한 준비를 해야한다. 베다수학을 아는 학생들은 학교에서 배우는 정형화된 수학 접근법 외에도 다른 방법들을 생각할 줄 알기 때문에 가르치는 학습에서도 큰 흥미를 느끼게 된다. 다른 친구들은 하나 밖에 모르는데 본인은 여러 방법들을 생각할 줄 안다면 얼마나 기쁜 마음이겠는가. 가르치면서 느끼는 보람은 해 본 사람은 충분히 공감한다. 우리 자녀도 베다수학을 통해 수학 뿐 아니라 다른 과목에서도 충분히 동기부여를 얻을 수 있게 해야한다.

☑ 우리아이 티칭베다수학 속으로

한 학생의 이야기를 들어보자.

"왜 수학시험은 항상 시간이 모자라지? 시원아, 넌 어떻게 공부하길래 매번 백점이야?"

"난 좀 빠르게 풀 수 있어. 내가 가르쳐줄테니까 이따 우리집에 놀러와."

시원이는 이번에 본 수학시험지를 토대로 어떻게 풀었는지 평소에는 어떻게 공부했는지 친구랑 얘기를 나눴다.

"오늘 문제 중 계산하는거 있었잖아. 넌 어떻게 풀었어?"

연간 수확량 사과 수확량이 534개인 과수원이 있다. 올해 태풍 때문에 247개의 사과가 떨어졌다. 올해 남은 사과는 몇개일까?

풀이 ❶

$$\begin{array}{r} \overset{4}{5}\,\overset{2\,10}{3}\,\overset{10}{4} \\ -\;2\;4\;7 \\ \hline 2\;8\;7 \end{array}$$

풀이 ❷

$$\begin{array}{rcl} 534 + 53 &=& 587 \\ -\,247 + 53 &=& 300 \\ \hline && 287 \end{array}$$

풀이 ❸

$$\begin{array}{rcl} 534 + 53 &=& 500 + 87 \\ -\,247 + 53 &=& 300 \\ \hline && 200 + 87 \\ &=& 287 \end{array}$$

❶ 일반 풀이방법

❷, ❸ 베다수학풀이법으로 직관적이고 단순하다. 왜 이렇게 푸는지 개념만 익히면 중간과정 없이 바로 답이 나온다.

"학교에서 가르쳐 준 방식으로 ❶처럼 푸는거야. 너도 그랬지? 근데 내가 푼 방식 보여줄게. ❷, ❸ 풀이한거 봐. 어때? 빠르지? 난 문제 풀때는 이렇게 적지 않고 암산으로 바로 풀었어. 다 풀고 남는 시간에 검산까지 마쳤으니까 틀릴 수가 없겠지? 이렇게 푸는걸 베다수학에서 배울 수 있는데 난 네가 학교에서 배운 것보다 많은 풀이방법을 알아. 그래서 응용문제가 나와도 쉽게 푸는거야. 아까 네가 어떻게 공부하냐고도 물었는데 지금처럼 가르쳐주는 방법으로 공부해. 기본 개념 공부하고나면 동생이나 엄마한테 가르쳐주면서 하기도 하고 혼자있을 때는 누가 있다고 생각하면서 해. 내가 베다수학 가르쳐줄테니까 배우고 싶으면 자주 와"

시원이는 또래들 보다 빠르게 풀고 답도 정확하다. 가족에게 가르쳐주면서 학습하기 때문에 정리가 되고 기억에도 오래 남는다. 서술형 문제를 어려워 하는 학생들이 많은데 시원이는 단순화 시켜서 문제를 푸는데 익숙하다. 왜냐하면 베다수학의 다양한 방법들 중 그 문제에 적합한 제일 빠르고 정확하게 풀 수 있는 방법을 찾을 수 있기 때문이다.

학교에서 사칙연산을 배울 때 빈칸 넣기의 방법으로 배우곤 한다. 처음에 사칙연산의 흐름을 이해할 때 빈칸은 가이드 역할을 해주기 때문에 쉽게 배울 수 있는 방법이다. 하지만 시험에서도 빈칸 넣기 문제를 낸다면 학생들의 창의성을 죽이는 문제 될 수 있다. 다양한 풀이 방법을 생각해보며 응용력을 확장 시켜야 하는데 수학의 가장 기초가 되는 사칙연산부터 정형화 된 학습을 한다면 그 아이는 수학이 재미없을 수 밖에 없다. 베다 수학을 배운 시원이가 수학을 재밌어하고 가르치는 학습에 흥미를 느끼는건 사고가 확장 되는 체험을 하기 때문이다.

☑ 수학실력 급상승

학생들에게 베다수학을 가르칠 때 학교에서 배운것과 비교설명을 해줬다. 어떻게 다르고 어떤게 나은지는 본인 스스로 알아갈 수 있게 단계별 커리큘럼을 차근히 익히게 만들었다. 집에서 가르친다면 자녀에게 베다수학 개념을 한가지씩 설명해 주자. 10분~15분 정도면 충분히 하나의 개념을 설명할 수 있다. 또는 관련된 강의를 보여줘도 괜찮다. 하나의 개념을 알려주고 관련 내용을 다시 설명해보라고 한 뒤 적절한 질문을 하면서 스스로 생각할 수 있도록 만들자. 모르는 질문을 받은 자녀는 알기 위해 다시 공부하면서 철저히 보강을 한다. 그 과정에서 필요하다면 다음 단계를 요구할 수도 있다. 이렇게 익힌 베다수학은 모든 수학시험에서 큰 힘을 발휘 하게 될 것이다. 나아가서는 각종 고시나 취업인적성 시험 등에서도 도움이 된다. 주어진 시간에 많은 문제를 풀어야 하는 한국식 시험에서 베다수학을 활용할 줄 안다는건 그만큼 성공에 가까워 진다는 것으로 생각해도 무방하다. 잡코리아에서 대기업 인적성검사을 준비할 때 수학을 가장 많이 공부한다고 조사했다.[A] 베다수학을 잘 공부했다면 취업준비로 수학공부 할 시간을 다른데 더 투자할 수 있지 않았을까?

A 취준생 대기업 인적성검사 대비 '수리·언어' 가장 많아.데이터솜 임성희 기자 2019.09.24

2

메타인지를 높여주는 베다수학

메타인지에 대한 관심이 뜨겁다. 메타인지의 정의는 학자마다 약간씩 차이 보인다. 살펴보면 '인지 활동을 모니터하는 기능', '어떤 인지 활동을 할 것인가를 선택하고 계획, 감시하는 활동', '자신의 사고과정을 묘사할 수 있는 능력' 등이 있다. 이해하기 쉽게 표현하자면 메타인지를 '어떤 지식에 대해 아는지 모르는지 판단하는 능력'이라고 생각하면 된다. 메타인지에 대한 관심이 높아지는 이유는 방대한 지식과 정보가 넘치고 더욱 빠른 속도로 변화하고 있는 사회에서 경쟁력 있는 삶을 살기위해서이다. 맞닥뜨린 문제를 해결하기 위해서 지식과 정보를 어떤 방식으로 활용해야할지 생각하는 힘이 메타인지를 통해 나온다. 지식이나 정보는 얼마든지 원하는 대로 체득할 수 있지만 이것들을 문제 해결하는 과정에 쓰이도록 하는 능력은 별개다. 이 능력을 메타인지를 통해 기를 수 있는데 창의력 상승, 문제 해결력 향상, 추리력 신장이라는 측면에서 봤을 때 수학 교육과 떼어 놓을 수 없다. 수학적 사고의 과정은 기본 개념을 고차원적으로 확장하는 경험을 준다. 같은 문제를 해결하는 여러가지 방법들을 제공하기도 한다. 메타인지가 기존의 암묵지로 자기가 아는지 모르는지 판단하고 모티터링 하면서 발전적으로 고쳐나가는 경험을 하게 하는 것을 보면 수학교육과 메타인지의 상관관계가 깊다고 하겠다.

메타인지는 체계적인 수학 교육을 통해 발전 시킬 수 있다. 자신의 수준을 객관적으로 판단하고 평가하는 일이 수학을 공부하는 과정에서 자연스럽게 경험 된다. 물론 주입식 교육을 통해 일방적인 학습이 되어지는 것과는 별개로 스스로 이해과정을 거치면서 공부하는 학생들의 경우다. 단순히 정답을 찍기위한 공부가 아니라 단계별로 이해하는 과정을 거치는 수학 공부는 스스로의 수준, 지식을 점검하게 한다. 정확한 개념이해를 기반으로 하지 않는 수학공부는 모래성 쌓는 것과 같아서 과정 내내 다지고 점검해야 한다. 이런 시간들이 메타인지를 키우는 시간이 된다. 이 과정을 단계별로 표현하면 다음과 같다.

첫 번째 '이 문제에서 내가 알아야 하는 개념이 뭐지? 어떤걸 모르고 있지? 아는 공식으로 풀리나?' 등의 생각을 하며 문제를 푼다.

두 번째 정확하게 아는 것과 모르는 것을 구분한다.

세 번째 주로 어떤부분에서 부족한지 파악하고 체계적으로 습득하기 위한 계획을 세운다

네 번째 계획에 따른 공부를 하고 재점검을 통해 스스로를 평가한다.

이런 점검의 시간이 힘들고 고통스럽기 때문에 대부분의 학생들은 아는거 쉬운거 위주로 반복하며 만족을 느낀다. 이런 만족감에 아는것을 더 공부하는 경향을 보이고 비슷한 문제들을 반복하며 익숙한 것에 더 익숙해진다. 성적향상이나 지식함양에 있어 모르는 것을 더 공부해야함에도 불구하고 자녀들의 심리는 다른 곳으로 흐른다. 스스로를 점검하고 취약한 부분을 보완하는 공부를 하는 것이 어려운 이유다. 이런 아이들의 메타인지를 키워 주기 위한 방법으로 베다수학을 말하는

이유는 베다수학의 직관적이고 단순한 논리가 쉽게 점검하는 시간을 갖게 해주기 때문이다. 기존의 정규과정에서 배우는 수학은 모르는 부분을 공부하는 과정이 어려워서 중요한 점검의 시간을 피하려고 한다. 수학성적이 제자리를 맴돌고 떨어지는 이유가 거기에 있다. 공부는 해야겠기에 의자에 엉덩이는 붙이고 앉아 있는데 아는걸 공부하며 자기 만족의 시간을 보낸다. 모르는 문제를 통해 사고력을 기르는 절대적인 시간이 필요한 과목이 수학인데 헛되니 시간을 쓰고 있는 것이다. 베다수학은 단순함 속에서 강함이 나온다. 모르는 부분이 생겼을 때 다시 공부하고 깊게 파고 드는게 어렵지 않다. 애초에 베다수학의 경전 내용이 암산하고 한줄로 풀 수 있게 하려는 목적을 담고 있다. 인도에서는 4살 부터 베다수학을 공부한다는 말이 나올 정도로 쉽게 다가갈 수 있는 학문이다. 초등학생들은 수학 단원의 반이상이 수와연산에 관련 된 내용이라 베다수학을 통해 정규과정을 이해하면 훨씬 시너지 효과가 날 수 있다. 베다수학이 빠르고 정교하기 때문에 수학공부하는 시간도 줄어들겠지만 다른 방법으로 접근할 수 있는 지식도 생겨 점검하는 과정이 즐거워 진다. 수학교육에서 베다수학을 공부하는 것이 필수임을 인지해야 한다.

자녀가 공부하는 과정을 지켜 본 학부모라면 이해하는 속도를 알 수 있다. 이해하는게 느리면 문제가 있다는 생각이 들게 되고 그런 부모의 속마음이 의식적이든 무의식적이든 드러나게 된다. “왜 이것도 몰라?” “머리를 좀 써봐, 아니 바로 답이 보이는데 공부 안하고 뭐했어?” “아직도 몰라?” 등 자녀의 상태와는 상관없이 부모입장에서의 말들을 한다. 이런 말을 듣는 자녀들은 자신감이 결여되고 학습장애가 찾아온다. 이런 상황이 반복될수록 더욱 이해 하는 속도는 느려지고 공부에 흥미를 잃게 된다. 자녀의 어렸을 적 모습을 생각해보자. “엄마 이게 뭐야?” “왜?” 라고 물으며 자녀들은 호기심을 충족시키기 위해 노력한다. 이 시기에 부모가 지치지 않고 성실한 대답을 하는 것이 중요하다고 하는 이유가 자녀의 호기심어린 행동을 계속하여 자라나게 해주기 위해서다. 기본적으로 무언가 알고 싶어하는 심리를 본능적으로 갖고 있기 때문에 환경적으로 꺾이지 않으면 배우고자 하는 마음은 유지된다. 학습은 모르는 것을 알고 호기심을 충족시켜주는 즐거운 행위다. 이해하는 속도가 느리다고 시험점수가 좋지 않다고 자녀들의 배우고자 하는 본능을 꺾지 않아야 한다. 그대로 지켜봐주고 스스로 인지하며 나아갈 수 있도록 도와주면 자녀들은 스스로 충분히 배움에 대한 열정을 키울 수 있다. 극소수의 아이들에게서 나타나는 빠른 학습, 빠른 이해, 높은 점수를 우리 자녀에게 기대하지 말아야 한다. 기대 할수록 부모가 정한 틀 안에서 부모가 원하는 속도대로 살아야하는 수동적인 아이가 되기 쉽기 때문이다. 스스로 알아가는 재미를 느끼고 모르는 것들을 줄여나가는 과정이 흥미롭다는걸 느끼게만 해주자. 그럼 상상이상으로 아이들은 행복감을 느끼며 자란다.

초등학생 때 주위에서 공부잘한다는 이야기를 들었던 기억이 있는가? 아마도 생각보다 많은 사람들이 주위에서 공부 잘한다는 칭찬을 받으며 자랐을 것이다. 나도 그랬고 와이프도 그랬다. “이 다음에 커서 뭐가 되고 싶니?”라고 물으면 무엇을 말해도 이상하지 않을만큼 인정을 받으며 자란 지금의 모습은 어떠한가? 어떤 직업을 가졌는지 보다 행복한지 물으면 행복하다고 대답하는 사람들이 얼마나 있을까? 공부 잘한다는 말을 들으며 자란 사람들 대다수는 부모님의 큰 기대를 받으면서 빨리 이해하고 시험도 잘봐야한다는 강박관념을 조금이나마 가졌을 확률이 높다. 공부가 흥미를 느끼는 대상이 아니라 날 억압하고 스트레스를 주는 대상되면서 공부를 통한 행복감을 잃어버렸을 것이다. 초등학생 때의 공부는 쉽게 남들보다 빠른 학습태도를 보일 수 있고 본능적으로 튀어나오는 우쭐함을 느낄 요소들이 많다. 이런 상황에서 중요한건 부모의 태도인데 우리아이 천재라며 다그치지 않고 속도전에 뛰어들게 해서는 안된다. 하나를 교육할 때 정답을 얻는 여러가지 방법이 있음을 스스로 느끼게 도와줘야 한다. 그래야 초중고 학생시절을 보내며 행복감을 느끼고 메타인지를 키울 수 있다. 이렇게 메타인지가 키워진 자녀들은 우쭐함 속에서도 겸손한 공부를 할 수 있다.

다시 베다수학을 조명해보자. 메타인지를 키울 수 있는 최고의 방법으로 베다수학을 말하는 이유가 뭘까. 아래에서 베다수학을 공부할 때 일어나는 특징들을 보자.

✓빠른 학습을 통해 자신감이 생기지만 자아도취로 끝나지 않는다.
✓다양한 문제해결력을 배우면서 지적호기심을 충족한다.
✓모르는 것은 부끄럽고 피해야하는게 아니라 공부하면 쉽게 알게되는 자연스런 이치를 배운다.
✓명확한 풀이와 정답 도출의 과정이 흥미롭다.

결론적으로, 알고있는 개념으로 아는지 모르는지 판단하며 발전하는 과정이 베다수학을 공부할 때 나타나는 현상인데 이게 곧 메타인지가 키워지는 연습이 된다. “나는 생각한다, 고로 존재한다”고 말한 위대한 수학자 데카르트의 말이나 ‘인간은 자연 가운데서 가장 약한 하나의 갈대에 불과하다. 그러나 그것은 생각하는 갈대이다’라고 말한 파스칼의 얘기를 상기시킬 필요가 있다. 인간은 생각하는 힘이 곧 경쟁력이고 연습을 통해 충분히 길러질 수 있다.

3

수학의 기초는 사칙연산! 기초부터 부실하게 키울 것인가?

"살면서 사칙연산만 잘 하면 되지, 수학이 무슨 필요가 있어서 미적분이니 함수니 하는것들을 배우는지 몰라"

이렇게 말하는 사람이 있다면 학창시절에 수학을 못했을 확률이 높다. 그리고 많이 틀린 말을 했다. 수학이 왜 필요한지 모르겠다는 말은 수학을 단편적으로 바라보기 때문에 나오는 말이다. 미적분, 함수, 방정식 등 일상생활이나 업무에서 지식적으로 쓰이는게 아니면 그렇게 말할수도 있겠지만 수학을 공부한다는건 그 이상의 고차원적인 사고 능력을 키우는데 있어 중요하다. 앞서 수학을 잘한다는 의미에 대해 말한 부분을 살펴보면 더 이상 강조 안해도 잘 알 수 있을 것이다. "살면서 사칙연산만 잘 하면 되지"란 말을 하면서 수학이 필요없다고 하는 사람은 사칙연산도 평균 이하의 실력을 보일 가능성이 높다. 수학은 연계성이 높아서 이전 단원의 이해와 활용이 부족하면 학습 부진으로 나타난다. 사칙연산은 모든 수학의 학습과정에서 필요한 것이다. 특히 초등학교 수학과정은 반 이상이 사칙연산에 관련 되어 있어서 연산이 안되면 수학을 못하는 길로 들어서는 것이라 말해도 지나치지 않다. 수학을 잘하는 인도인이 많은 이유가 베다수학을 통한 사칙연산의 기초가 튼튼하기 때문이다. 2020년도 영국 런던에서 열린 마인드 스포츠 올림피아드에서 금메달을 차지한 사람이 인도인인데 그는 '869,463,853×73'이란 문제에 단 26초만에 답한다. 이렇게 빨리 풀 수있는건 곱셈을 덧셈으로 구조화 시켜서 푸는 방법을 사용하기 때문이다. 예를들어 '4572×6'을 계산할 때 4,000×6(24,000), 500×6(3,000), 70×6(420), 2×6(12) 로 나누어서 계산한 뒤 더한다. 이 단순하지만 강력한 풀이를 보고 '이야!'하고 느낀다면 우리 자녀에게도 이런 사고를 가르쳐야겠단 생각으로 이어져야 한다.

수학에서 사칙연산이란 덧셈, 뺄셈, 곱셈, 나눗셈으로 숫자의 관계를 각 정의에 따라 표현하는 것을 말한다. 기본적으로 이 사칙연산을 빠르고 정확하게 풀어내는 것이 중요하다. 초등학교 수학 단원 중 많은 부분을 차지 하기 때문에 숫자에 대한 감각과 사고력을 키우는데 집중시켜야 한다. 각각의 개념을 정확히 이해하고 서로 비교, 응용할 수 있는 정도로 사칙연산을 다뤄야 한다. 이 기초 연산 능력이 일상 생활에서도 쓰이는 만큼 얼마나 많은 연산을 암산으로 해낼 수 있는지도 기억력, 사고력 증진에 도움을 주게 된다. "살면서 사칙연산만 잘하면 되지!"란 말도 가려서 해야 한다. 누구는 세계암산대회에서 금메달을 따고 누구는 물건값이나 더하고 빼는 정도라면 너무 차이가 크지 않은가.

지금도 주위에 보면 학습지를 하는 아이들이 많다. 단순한 사칙연산을 풀어내는 반복적 행위가 도움이 된다고 하는 사람들도 있고 그렇지 않다고 생각하는 사람들도 있다. 난 학창시절 친구들이 그런걸 하고 있으면 뭐 하나 싶었다. 덧셈을 모르고 뺄셈을 몰라서 저렇게 수십개, 수백개의 문제를 풀고 있나란 생각이 들었다. 최근에 본 논문에서 어렸을 적 연산에 관한 사교육이 고등학교 수학 성적에 도움이 안된다는 주장을 봤다. 반은 틀리고 반은 맞는 얘기다. 비슷한 문제를 나열한 단순 반복식의 공부가 어느 정도 수준으로 되기까지 도움이 된다. 물론 고등 수학실력을 끌어올리는데는 어려움이 있는게 사실이다. 이렇게 생각해보자. 자동차경주에 나가기 위해서 1000cc 이하의 경차로 누구보다 열심히 연습을 한 사람이 있다. 또 다른 사람은 중형차, 대형차, 스포츠카등 다양한 차종으로 연습을 하며 각각의 차에 대한 장단점을 익혔다. 이 둘 중 누가 자동차경주에서 우승할 확률이 높을까? 우리가 쉽다고 생각하는 사칙연산도 마찬가지다. 기존의 정규과정은 경차 운전 연습을 가르쳐 주는 것과 같다. 학습지는 같은 코스를 계속해서 달리는 연습이라 생각할 수 있어서 그 코스에서 신기록을 찍으면 다른 코스도 눈감고 운전 할 실력을 만들어야 한다.

여기에 자동차경주에서 우승할 실력까지 갖추고 싶은 생각이 든다면 '베다수학'을 공부해야 한다. 10배나 빠른 연산이 가능한 베다수학은 스포츠카를 타고 경주에 나서는 것과 같다. 배우는 과정이 일률적이지 않아서 자연스럽게 다양한 코스도 연습이 된다. 이걸 알고 있기 때문에 와이프에게 아이가 태어나면 꼭 베다수학을 가르쳐 주겠다고 했었다. 학교에서 다른 친구들보다 빠르고 정확하게 풀어내며 수학에 흥미를 느껴 할 모습을 생각하면 벌써부터 미소지어진다.

미국에서는 초등학생의 수학교육 핵심을 수 감각 기르기, 사칙연산의 이해와 능숙한 계산등으로 본다. 우리나라 초등학생들은 숫자와 친하고 사칙연산을 자유자재로 사용할 줄 아는지 생각해보면 느낌이 좀 다르다. 미국은 세계적 IT기업이 우리나라와는 비교할 수 없을 정도로 많은데 창의성과 수학적 사고력등이 길러지는 방법이 다름을 인정할 수 밖에 없다. 그 기초가 초등학교 수학 능력, 다시말해 사칙연산을 이해하고 공부하는데 있다는 걸 알아야 한다. 당장의 수학시험 점수를 높이기 위해 이해도 안되는 주입식 교육을 시키면서 힘빼지 말고 사칙연산에 대한 다양한 사고를 배울 수 있는지 고민해야 한다. 다시 말하지만 사칙연산을 단순하게 '덧셈, 뺄셈, 곱셈, 나눗셈' 으로 생각해서 계산만 할줄 알면 된다고 생각하면 안된다. 그렇게 배우고 자란 어른들을 주위에서 쉽게 볼 수 있는데 이들이 4차산업혁명 시대에서 경쟁력 있다고 생각할 수 있을까? 하물며 미국, 영국, 일본 등의 선진국들은 지금보다 더 경쟁력을 갖추기 위해 '수학'등의 중요성을 인식하고 아이들의 교육에 힘을 쏟고 있는데 우리들은 뭘 하고 있는지 자문해봐야 한다.

'가장 높은 곳에 올라가려면, 가장 낮은 곳부터 시작하라'
- 푸블릴리우스 시루스

'건물에 있어 가장 견고한 돌은 기초를 이루는 가장 밑에 있는 돌이다'
- 칼릴 지브란

'근본이 상하게 되면 거기에 따라서 가지도 죽게 된다.
먼저 근본을 튼튼히 해야한다'
- 공자

기초를 중요시 하는 동서양의 명언들이다. 분야를 불문하고 '기초의 튼튼함'은 아무리 강조해도 지나치지 않다. 모든 수학교육의 기초는 사칙연산 이고 반복학습을 통해 다양한 문제 해결력을 키워야 한다. 빠르고 정확하게 연산하는 능력은 그 다음 단계에 필요한 지식의 활용을 용이하게 해준다. 예를 들어 미적분 문제를 풀어보자. 그 하위단계인 인수분해, 함수 등의 개념이 필요한데 더 하위단계인 '사칙연산'이 빠르고 정확할 수록 고등 단계로 넘어가는게 용이해진다. 연산단계에서 버벅이고 틀리면 당연히 그 문제를 틀릴수 밖에 없다. 사칙연산의 능력은 기본적으로 얼마나 즉각적으로 꺼낼 수 있는지가 관건이다. 더하고 빼는 등의 연산 과정이 다양하게 이해 되고 활용될 수록 점점 즉각적으로 답을 도출해 내는 시간이 짧아진다. 세계암산대회에서 금메달을 차지한 인도인이 우리랑 다른건 얼마나 더 기본에 대한 이해를 했고 도출하는 연습을 했는지다. 그 과정에 '베다수학' 이란 훌륭한 학습방법이 있고 우린 그걸 배워야 한다. 많은 시간을 들이지 않아도 자동적으로 연산이 되는 수준이 되면 문제를 해결하는데 필요한 시간을 좀 더 고차원적인 생각을 하는데 쓸 수 있다. 어떤 문제를 푸는데 연산에 쓰이는 시간이 20초일 때 베다수학 연산으로는 5초 이내로 줄일 수 있다고 해보자. 전체 시험으로 확장하면 얼마나 많은 시간이 더 확보될 것인가. 또 그 시간동안 더 상위 단계의 문제에 집중 할 수 있다면 얼마나 점수가 향상될지는 불보듯 뻔하다. 평상시에 공부할 때도 다른 과목을 공부하는 시간이 늘어나는 장점도 있지만 학습하는 태도가 바뀔 수있다는게 훨씬 중요하다. 한번 이런 경험을 하고 긍정적인 효과를 느끼면 다른 공부도 기초를 중시하며 학습하는 태도를 지향하게 된다. 또 어떤 개념에 대해서 여러 방면으로 생각하게 되는 태도도 생기게 된다. 나도 곱셈을 덧셈으로 구조화 시켜서 이해한다는 개념을 일찍 부터 알았으면 사고력 신장에 더 큰 도움이 되었을 것 같다는 생각을 한다. 다르게 생각하는 연습을 주입식 교육에서는 배우기 힘든게 너무 안타깝다.

수학은 다른 과목 보다 더욱 단계별 이해와 활용능력이 중요하다. 이전 단계를 이해하지 못하면 그 다음 단계의 학습이 어렵고 다양한 문제해결력을 기르는데 한계가 있다. 야구에서 투수가 기본이 되는 직구를 제대로 마스터 하지 못했는데 슬라이더, 체인지업등을 배운다고 해보자. 다른 구종을 배우는 것도 어렵겠지만 배운다 한들 제대로 써먹기 힘들다. 기본이 되는 직구가 뒷받침 돼야 나머지 구종들이 시너지효과를 발휘하기 때문이다. 어른들이 단순하게만 생각하는 사칙연산에 대한 개념을 아이들에게도 적용시키지 말자. 더 깊게 더 넓게 이해하는 방법들을 알려주도록 노력해보자. 물론 지금까지의 축적된 경험과 지식들로는 더 깊고 넓은 방법들을 생각하기 힘들 수 있다. 아는만큼 보이고 보이는 만큼 생각할 수 있기 때문이다. 그래도 이 책을 읽는 독자들은 행운이다. 베다수학을 공부해 보고 싶다거나 자녀들에게 소개해줘야 겠다는 생각이 들었을 것이기 때문이다.

4
하나로 열을 배우는 아이 – 베다수학은 배움의 자세를 바꾼다

아이가 키우다보면 부모는 우리 아이가 천재라고 생각하게 되는 상황들이 생긴다.

- 말이 또래보다 빠르다

- 뒤집는 시기가 빠르다

- 아이가 빨리 한글을 뗀다

- 한자리수 덧셈을 알려줬는데 두자리수 덧셈을 해낸다

- 어릴 때 놀이공원에서 아이를 잃어버렸는데 아이가 방송실에 찾아가 엄마찾는 방송을 한다 등

이외에 무수히 많은 사례들이 있을텐데 아이가 무언가 빠르게 배우거나 가르치지 않았는데 아는 경우 천재라고 생각하게 된다. 나도 아이가 무언가 빠르게 하는가 싶으면 호들갑스럽게 "천재아냐?"를 연신 말하곤 한다. 주위에 보면 하나를 가르쳐 줬는데 그 이상을 생각해낼 줄 아는 아이들이 있다. 학원에서 학생들을 가르칠 때 유난히 이해가 빠른 아이들이 있었는데 뭐가 다른지 유심히 봤었다. 수업시간에 집중력이 다른건 차치하고 개념을 이해하는 과정이나 활용하는 능력이 많이 달랐는데 풀이과정을 보면서 놀란적이 많았다. 처음에는 가르쳐 준 방법대로 풀지만 시간을 두고 다시 테스트를 할때는 본인 스타일대로 푸는 문제들이 생겨났다. 다른 생각을 할 줄 안다는게 정말 중요한 건데 이런 학생들의 공통점 중 하나가 기본 개념을 확실히 이해하고 있다는 점이다. 개념을 정확히 이해하고 있다보니까 서로 다른 단원의 문제에서 손쉽게 활용을 했다. 더 가르쳐 주고 싶어서 여러 가지 알려주면 초롱초롱한 눈으로 배움의 욕구를 내보이는 아이들이 참 기특했었다. 궁극적으로는 가르치는 아이들 모두 어떤 문제를 풀 때 해답지에 나와있는 풀이가 전부인 마냥 생각하지 않는걸 바라는 마음에 많이 신경을 썼었다. 사실 해답지에 나와있는대로 쭉 가르치면 쉬운데 생각하는 힘을 길렀으면 하는 마음이 컸었다. 수학을 공부하면서 인생의 길도 정해진 답처럼 흐른다고 생각하지 않길 바라는 마음이 투영 됐었는데 아이들이 그 마음을 전달 받았을지는 모르겠다. 학교에 가면 “학원에서 다 배우고 왔지?” 하면서 수업을 진행하는 선생님도 있다는데 학교의 수업은 완벽히 개념을 이해시키도록 가르치는 과정이 다채롭고 재밌어야 한다고 생각한다. 학교든 학원이든 문제 푸는 방법을 가르치는 수업이 많은데 정형화 된 풀이방법을 가르치는 수업이 아니라 개념이 어떻게 활용될 수 있는지 다양성을 가르치는 수업이 우선이다.

Ⓠ ‘25×65를 구하라’

이 문제를 풀이과정을 포함하여 서술형으로 출제했을 때 푸는 방식을 보자.

풀이 ❶

$$\begin{array}{r} 65 \\ \times\ \ 25 \\ \hline 325 \cdots ① \\ 1300 \cdots ② \\ \hline 1625 \end{array}$$

① $\begin{array}{r} {}^{2}\ \ \\ 65 \\ \times\ \ 5 \\ \hline 325 \end{array}$ ② $\begin{array}{r} {}^{1}\ \ \ \ \\ 65 \\ \times\ \ 20 \\ \hline 1300 \end{array}$

풀이 ❷-1

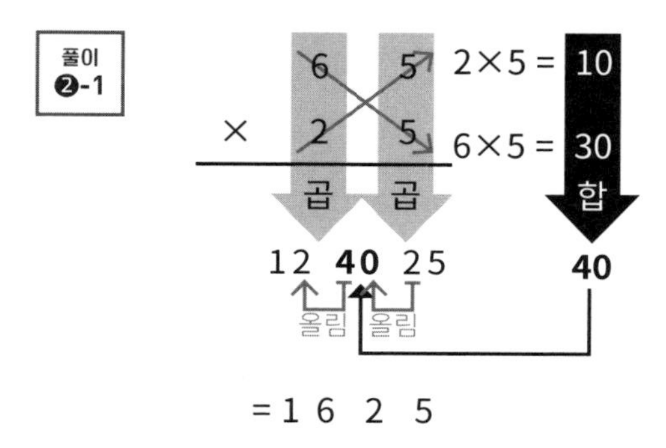

=1 6 2 5

풀이 ❷-2

25 40 25 ① ②

① $25\times25 = \boxed{2\times(2+1)}\ \boxed{5\times5}$

$= \quad 6 \qquad 25$

$= 625$

② $25\times40 = 1000$

$25\times65 = 625+1000 = 1625$

❶은 초등학생 대부분이 서술하는 내용이다. 아마 열명중 열명은 이렇게 풀지 않을까 한다. 학교에서 배울 때 사칙연산은 방법이 정해져 있는 것처럼 배우기 때문이다. 덧셈 배우고 그다음 곱셈을 배우는 이유는 곱셈이 덧셈의 반복이라는 개념으로 이해하면 쉽기 때문인데 이런 의미보다는 '곱셈은 이렇게 하는거야!' 하며 방법을 알려주는게 전부이다. 초등학교 저학년때 구구단을 외우고 곱셈을 배우는데 곱셈은 그냥 기계적으로 ❶처럼 푸는 것이지 의미가 어떤지 배운 기억은 없다. 기본적인 사칙연산 조차 다른 생각을 할 수 없게 만드는데 어떻게 수학을 공부하며 창의력을 키울 수 있을까 싶다.

❷-1은 베다수학에서의 풀이법이다. 풀이과정을 쓰라고 해서 썼는데 여러 방법 중 하나만 적어봤다. 사실 베다수학을 공부한 학생은 이런 문제는 보면 답이 나온다.

❷-2는 직사각형의 넓이를 구하는 것에서 응용을 했다. 한 변이 25인 정사각형의 넓이와 가로 45 세로25 직사각형의 합을 구하는 방식으로 풀었다. 25의 제곱은 보통 외우고 있는 경우가 많지만 베다수학 풀이법으로 답을 찾았다. 이렇게 사각형을 이용한 이유는 제곱수를 구하는 방법이 쉽고 25×40을 구하는 방법도 쉽기 때문이다.

단순한 곱하기 문제를 여러 방법으로 풀어봤다. 이렇게 사칙연산도 다양하게 생각해보는 연습이 필요한데 우리 자녀들은 얼마나 깊은 생각을 해봤을까? 아마도 하나의 개념을 이리저리 분석해보고 이해하려는 노력보다는 외워야 하는걸로 받아들이고 있을 것이다. 자녀가 잘못된게 아니라 교육방법이 잘못된 것이라 안타까울 뿐이다. 여기서는 베다수학을 통해 다른 방법이 있음을 알려주지만 그게 아니더라도 좋으니 기존에 알고 있는게 전부가 아니라는 걸 느끼게 해줘야 한다. 학생들에게 베다수학 커리큘럼을 제공하고 공부시켰던 이유가 베다수학은 기초가 튼실한 뼈대라 살을 붙이고 응용하는데 있어 큰 힘을 발휘 하기 때문였다. 하나의 개념을 지식적, 체험적, 시각적 등의 다양한 방법으로 이해했을 때 응용할 수 있는 창의력이 커진다. 일반적으로 아는만큼 보이기 마련이라 다양한 접근을 통해 아는것 이상으로 보일 수 있게 연습을 해야한다. 한국에선 아이들의 사고력 신장과는 무관한 방식으로 교육 되는게 현실이다. 따라서 어떤 방법으로든 우리 아이들이 하나를 배우면 열을 알수 있게 도와주어야 한다. 교육의 나라 핀란드에서는 수학 교육 목표의 중점사항을 수학적 사고를 기르도록 개념을 이해하는데 그치지 않고 일상생활의 문제를 수학적 개념 등으로 환원시켜 해결하려는데 두고 있다. 우리나라처럼 절차적으로 답을 찾기 위해 개념을 가르치는데 그치지 않고 개념을 어떻게 추상적인 사고로 연결시켜 표출 되게 할 지 교육한다. 유럽의 다른 여러 나라에서도 수학을 문제푸는 것만 가르치는게 아니라 수학적 사고력을 기르는데에 중점을 두고 있다. 일상생활에서의 문제를 수학적 추론과정을 통해 문제를 인식하고 해결방법을 찾는다. 수학을 공부하는 이유가 수학시험을 잘보기 위해 문제 풀이방법을 배우는 것이 아니라 다양한 사회 현상들에 대해 문제를 인식하고 해결할 수 있는 사고를 기르는데 있음을 자각해야 한다.

아이가 수학을 공부하면서 "이렇게 풀어도 돼요?"라고 물으면 답이 맞거나 틀리거나 칭찬을 해주자. 다른 생각을 해보려는 시도 자체가 감사한 일이다. 다양한 방법들이 있을 수 있다는 생각을 하는 것 자체가 자녀의 인생에 큰 도움이 된다. 정답은 있을 수 있지만 정답에 이르는 길은 하나가 아니라는 진리 하나만 느껴도 충분히 훌륭한 일이다.

5 돈 계산을 왜 그렇게 해?

"137불 30센트 입니다"

200불을 받은 점원이 60불, 2불, 70센트 순으로 거스름돈으로 거슬러 준다.

와이프가 미국에서 물건을 살 때 이렇게 거스름돈을 주는 경우가 많았다고 한다. 나 같으면 암산을 한다던지 계산기를 써서 줄 것 같은데 왜 이렇게 돈 계산을 하는지 궁금했다. 근데 이내 점원처럼 계산하면 훨씬 직관적이란 생각이 들었다. 당연히 틀릴 확률도 줄어든다. 그냥 이 정도면 암산해서 하면 되는거 아냐? 란 생각을 할수도 있는데 횟수가 많아지면 틀릴 확률도 커지기 때문에 이왕이면 줄이는 방법을 택하는것이 좋다. 앞서 배운 베다수학의 뺄셈이 일상 생활에서 이런식으로 쓰인다. 이렇게 보면 별거 아닌거 같고 쉬워 보이는데 막상 본인이 계산한다고 생각해보라. 아마 정규과정 때 배운 뺄셈으로 계산하는 사람이 훨씬 많을것이다. 습관이 무섭다. 생각해보지 않은 방법을 사용한다는게 쉽지 않다. 물론 불편함 없이 살았기 때문에 배울 생각 없이 지나치는 사람들이 많을텐데 좋은게 있으면 받아들이고 개선시키는게 좋다는 생각이다.

대기업 인적성검사의 수리영역에 나올 수 있는 기초 연산 예를 보자.

Ⓠ '다음 빈 칸에 알맞은 두 수를 찾아 곱하시오'

2 4 8 14 22 □ 44

32 33 35 □ 42

이 문제는 기초 수열의 법칙을 이해하고 숫자를 찾아야 한다. 위의 숫자들은 2,4,6,8,10,12를 더하면 다음 수가 나오는 규칙에 따라 32의 숫자를 찾아야 한다. 밑의 숫자들은 1,2,3,4를 더하면 다음 수가 나오는 규칙을 찾아 38이란 숫자를 찾아야 한다. 따라서 빈 칸의 두 수는 수열의 법칙에 따라 32 와 38이다. 이 숫자를 곱하는건 당연히 숫자 둘을 세로로 써서 일의자리부터 곱하기 시작할 것이다. 여기서 베다수학을 공부한 사람과의 차이가 생긴다. 32와 38은 보자마자 1216이라는 답이 나온다. 촌각을 다투는 인적성검사에서 이런 빠른 풀이는 합격을 좌우한다. 한 문제 차이가 합격의 성패를 가르기 때문이다.

다음 문제도 보자.

Ⓠ $240816 \times \sqrt{625} = ?$

이 문제 또한 단순 곱셈을 물어보는 연산 문제다. 물론 $\sqrt{625}$가 25라는 사실은 알아야 한다. 안다는 가정하에 문제를 풀면 6자리수×2자리수 인데 얼마나 시간이 걸리는지 한번 풀어보시라. 나도 초등학교에서 배운대로 240816과 25를 세로로 쓰고 일의자리부터 곱하는 방법으로 28초가량 걸렸다. 베다수학으로는 5초도 안걸리고 심지어 연필로 끄적거림도 없다. 눈으로 보면 바로 답이 보인다. 어떤 인적성 시험은 이런 단순한 문제들을 수십문제 출제해서 짧은 시간안에 얼마나 정확히 많이 푸는지 판단한다. 누군가에게는 인생을 걸만큼 중요한 시험인데 어렸을적 베다수학을 잘 익혀두었다면 어땠을까. 룰루랄라 시험장을 빠져나오는 모습이 그려진다.

사칙연산 말고도 각종 시험에 방정식 문제가 많이 나오는데 동물의 다리 수를 구하는 문제, 과일 수를 구하는 문제 등 연립일차방정식을 활용해서 푸는 문제를 살펴보자.

연립일차방정식을 풀 때 우리는 학교에서 배운 가감법, 대입법, 역행렬 이용 등의 방법을 활용한다. 보통 문제를 보고 어떻게 푸는게 빠른지 판단하고 풀기 시작한다. 문제에서 다음 연립일차방정식을 얻어냈다고 가정하자.

Ⓠ $2x + 3y = 7$

Ⓠ $3x + 4y = 6$

이 문제는 x나 y로 하나의 식을 정리해서 나머지 식에 대입해서 푸는것보다 x든 y든 앞의 상수를 같게 해서 빼는 방식으로 답을 찾는게 편하다. 다시 말해 두 식을 $6x + 9y = 21$, $6x + 8y = 12$로 바꾼 뒤 계산하는 것이다. 베다수학은 이 연립방정식을 어떻게 푸는지 궁금하지 않은가? 베다수학은 식의 변형 없이 암산으로 이 문제의 답을 찾을 수 있다. 이 두 식을

Ax +By = C

Dx +Ey = F 라고 표현하면 x의 답은 BF-CE/BD-AE 이다. 위 문제를 적용하면 x=3·6-7·4/3·3-2·4= -10/1 = -10 y는 x를 대입하면 9라는 답이 나온다. 이렇게 풀면 남들은 이 문제를 풀고 있을 때 난 검산까지 끝내거나 다른 문제를 풀 시간이 생긴다. 베다수학은 이렇게 직관적이고 단순하게 문제를 풀 수 있다. 베다수학을 알면 정규과정대로 풀든 베다수학으로 풀든 검산할 때는 다른 방법으로 검산할 수 있는 능력이 생긴다. 당연히 정답률이 올라갈 수 밖에 없다.

PSAT, NCS, 대기업인적성 등에서 수리연산은 정확하고 빠르게 푸는것을 요한다. 주어진 시간내에 풀기 힘든 수의 문제를 주고 평가를 하니 수험생들은 당연히 빨리푸는 방법을 찾아 해맨다. 내가 대학생 때 같은 대학생을 상대로 과외를 한 적이 있는데 그 친구도 절실한 마음으로 빨리 푸는 TIP을 얻고자 했다. 한 번 배운다고 실전에서 자유자재로 써먹을 수 있으면 좋으련만 어느정도의 반복적인 연습이 필요하다. TIP 하나하나 충분한 연습이 되면(정규과정에서 배운 방법보다 먼저 떠올려질 정도) 남들 10문제 풀 때 난 20문제 풀면서 정답률도 높은 수준이 된다. 한 문제라도 더 맞춰야 그토록 바라던 합격에 가까워 지기 때문에 베다수학의 빠른 풀이는 필수로 숙지를 해놔야 한다. 어렸을 때 부터 사칙연산을 베다수학으로 공부하고 익혔다면 초중고 12년과 이후 성인이 되었을 때의 시간들이 훨씬 여유롭고 자신감 넘치는 시간이 되었을 것이다. 위에서 살펴본 몇 가지 사례는 일부만 본 것이기 때문에 베다수학의 모든것을 알기위해 노력하는 시간을 갖기를 바란다. 가르쳤던 학생들이 베다수학을 알기 전후로 나뉘는데에는 다 이유가 있다. 신세계라고 표현하며 더 알려달라고 했던 학생들의 모습이 눈에 선하다.

와이프가 다니는 회사의 중역회의 때 일을 얘기를 해줬다. 수치적인 얘기가 오가는 상황였는데 다른 사람들은 다 엑셀에 수치를 적고 있을 때 인도인 직원이 바로 필요한 수치를 말했다고 했다. 얼마나 멋진 상황인지 모른다. 내가 또는 자녀가 남들보다 빠르게 답을 찾아 내서 먼저 판단할 수 있는 능력을 갖고 있다면 어디서든 인정받으며 지내고 있지 않을까? 빠른 판단을 요구하는 중요한 미팅 상황에서 그런 모습을 보여준다면 훨씬 믿음직 스럽게 일을 맡길 수 있을것 같다.

우리가 초중고 12년 공부하는 동안 수시로 써먹었던 사칙연산은 한계가 분명히 있다. 일상생활에서 종이와 연필을 꺼내서 계산을 하든 한참을 암산으로 계산하든 12년동안 연습한 것치고는 참 느리고 답답하다. 만약 12년동안 베다수학을 알고 지냈다면 어땠을까? 즉각적으로 답을 찾아내는 능력도 갖추면서 다양하게 접근하려는 태도도 길러졌을 것이 분명하다. 수학이 필요한 시험에서는 다른 사람들보다 좋은 점수를 받고 수학적 사고가 필요한 자리에서는 돋보이는 모습을 보일 것이다. 언제 어떻게 쓰일지 모르지만 사칙연산으로만 사용할 수 있다해도 더 지능적이고 지적인 모습으로 바라볼 것 같다.

6

부모의 역할은 자녀에게 기회를 주는데 있다

'아는 만큼 보인다'는 말이 자녀교육에서도 적용된다. 부모가 아는 만큼 자녀의 꿈의 크기가 결정 된다. 어렸을 때는 아는 만큼 보인다는 말의 의미를 잘 몰랐다. 그냥 내가 아는게 전부였고 부족함을 못 느꼈다. 모르는 것에 대한 두려움과 갈망도 없었다. 그러나 결혼을 하고 아빠가 되면서 내가 모르는 더 큰 세상을 알고 싶었다. 그게 내 아이의 경쟁력이 될 수 있다는 생각을 하니까 더욱 그랬다. 수년간 1년에 100권 이상씩 책을 읽고 다양한 사업가들을 만나고 여러 사업도 해보면서 경험의 폭을 늘리며 살아왔지만 많이 부족함을 느꼈다. 와이프와 이런 저런 얘기를 하며 내린 결론은 지금도 충분하니까 욕심내지 말자 였다. 그래도 아이에게 당차게 세상에 맞서 싸울 무기를 쥐어 주고 싶었다. 그게 바로 베다수학 이다.

의사 집안에서 의사 나고 변호사 집안에서 변호사 난다는 말을 많이 한다. 신기하게도 주위에 대입해 보면 정말 그런집이 많았다. 할아버지가 의사면 아빠도 의사고 자식도 의대에 진학하는 경우가 많았다. 부모가 공무원이면 자식들도 공무원 시험을 준비하거나 교대에 입학했다. 그 이유가 뭘까? 생각해보면 너무 자연스러운 흐름이다. 어렸을 때부터 보고 자란 환경이 자녀 의식의 흐름에 관여하게 된다. 밥을 먹고 대화를 하고 가족과 보내는 수많은 시간 동안 부모의 영향 아래 있을 수 밖에 없다. 대개는 청소년기를 지나 진로를 결정할 때가 되어 어디를 갈지 생각해봐도 생각할 수 있는 학과가 별로 없다. 나의 경우도 고3이 되어 대학교 학과를 정할 때 지원할 수 있는 학과가 한정적이었다. 다양하게 얘기를 해주는 사람이 주위에 없었다. 학교 선생님은 물론 주변에서 이러쿵 저러쿵 진로에 대한 이야기를 들을 수 있는 환경이 아녔다. 아마도 많은 학생들이 진로에 대한 고민을 할 때 많이 힘들어 하는 이유가 여기에 있을 것 같다. 뭘 알아야 진로에 대한 선택을 하기가 쉬울텐데 손가락 안에 꼽히는 선택지 안에서 생각하다 보니 더 힘들 수 밖에 없다. 그렇게 고민하는 중에 가장 쉽게 떠오르는건 부모님의 직업과 관련된 분야이다. 크게 무리 없게 사시는 것 같고 직업이 썩 나빠보이지 않는다면, 오히려 주변에서는 갈망의 대상이라면 훨씬 쉽게 선택될 것이다. 그러다 보니 흔히 자녀들도 부모님처럼 되는게 꿈이고 목표가 된다. 부모 입장에서도 자녀를 자신처럼 키우는게 다른 꿈을 키워주는것보다 쉬운면도 있다. 자기가 걸어왔던 길을 안내해주면 되기 때문이다. 공부는 어떻게 하는게 효율적인지 어떤 경험을 쌓아가는게 도움이 되는지 너무 잘 안다. 자녀들은 학부모의 친절한 가이드를 받으며 다른 사람들보다 훨씬 빠르고 가깝게 목표에 도달한다. 이런걸 보면 부모로서 자녀에게 다양한 경험을 하게 도와주고 많은 꿈들을 키워나가게 해주는 것이 얼마나 중요한지 느끼게 한다. 내가 아는 만큼 자녀들도 안다고 생각하면 나 스스로도 꾸준히 성장해야겠다는 생각을 하게 된다.

부모의 직업, 경제력, 학벌이 자녀에게 이어진다는 씁쓸한 연구결과들이 있다. 요즘의 흔한 금수저, 흙수저 논란이 비단 요즘에만 있었던 것이 아니라 예전부터 이어져 왔던 사실이라 더 씁쓸하다. 아버지의 학벌, 직업은 아들의 학벌, 직업에 직접적인 영향을 끼친다. 당연히 경제적 수준도 영향을 준다. 부모의 경제적 수준이 높으면 자녀 교육에 그만큼 투자가 가능해진다. 아무래도 안 시키는것보다는 학원이나 맨투맨 과외를 하게 해주는게 도움이 될 수 밖에 없다. 경제적 수준이 낮으면 자녀교육에 쓸 돈을 생활하는데 먼저 쓰게 된다. 당연히 자녀의 학벌과 직업에 영향이 간다. 자녀의 학벌과 직업에 이런 요인만 영향을 끼치는 것은 아니다. 심리학에서는 인간은 자신이 어떻게 행동할지 결정하는 과정에서 타인의 반응과 평가를 중요하게 생각한다고 말한다. 심리적인 거리가 가까운 사람일수록 자신의 행동결정에 더 큰 영향을 준다. 타인의 평가와 자신의 상태를 일치시키려는 심리가 작용하면서 행동의 변화를 가져오게 된다. 자녀를 키우면서 많이 듣는 말 중 하나가 부모와 비교하는 말이다. "아빠도 못갔잖아요" "엄마도 못하잖아" 등과 같은 말을 하면서 자신을 방어하는 행동을 보인다. 부모 입장에서는 당연히 나보다 더 잘 되길 바라는 마음으로 대하는데 자녀들은 아빠나 엄마도 못했으면서 자신들에게 바란다는 생각을 한다. 반대로 부모가 학벌이든 직업이든 자녀가 느끼기에 이루었다고 생각되는 수준이라면, 그 자체로 모범을 보이는 것이라서 불만을 덜 갖게 될 수도 있다. 어쨌거나 짜잔하고 학벌이나 직업을 새로 만들수는 없는 상황에서 씁쓸한 연구결과들을 타개할 만한 방법들을 모색해야한다.

'SKY캐슬'이라는 드라마가 인기를 끌면서 상위층의 자녀교육에 대한 실상을 엿볼 수 있었다. 드라마에서 보는 것도 입이 쩍 벌어질 만큼 놀라움의 연속이었는데 실제로는 더하면 더했지 못하지 않다는 말들을 쉽게 들을 수 있었다. 거기에 최근 모 정치인의 자녀가 의대에 간 과정들이 낱낱이 밝혀지면서 여느 학부모들은 스스로를 비판했다. '아빠가 아빠여서 미안해'라고 웃지못할 말을 한다고 했다. 부모를 잘 만났으면 자녀의 실력과는 무관하게 의사를 만들고 변호사를 만들 수 있었을 것이라는 생각을 하면 어느 부모가 자녀에게 미안하지 않을 수 있을까. 학생부종합전형이 생기면서 더욱 상위계층의 자녀들에게 기회의 장이 되었다. 어떤 스펙을 만들어야 원하는 대학에 들어갈 수 있는지 컨설팅을 받고 마음껏 정보력을 과시하는 부모들의 입시전형이 되었다. 자녀들은 그저 시키는대로만 해도 아니 잘 못해도 다 만들어 주는 공정하지 못한 일들이 생겨났다. 지금까지는 이런 식의 한국 교육이 이만큼 경제성장을 이끌 수 있게 하는 원동력이 되었지만 앞으로는 선진국들과의 격차를 줄이기 힘들어 보인다. 근본적인 교육개선을 통해 4차산업혁명 시대를 이끌어나가려고 하기는 커녕 정치적 자리다툼, 제 식구 챙기기 등에 힘을 쏟고 있기 때문이다. 이런 때일수록 기본에 충실해야한다. 공부를 하는 목적이 무엇이고 어떤 것들을 얻어야 하는지 신중하게 생각해봐야 한다.

개천에서 용나기 힘든 시대, 부모로서 자녀에게 기회를 줄 수 있는 방법이 있다. 아직도 많은 사람들이 그 효용성에 대해 모르고있는 때 더욱 베다수학을 가르쳐 줘야 한다. 4차산업혁명 시대는 큰 변화가 있는 격동의 시대이기 때문에 이를 기회로 삼고 경쟁력 있는 아이로 자랄 수 있게 도와줘야 한다. 인공지능이 인기 직종을 대체하고 특권층이라

여기던 직업들이 사라지는 시대이다. 새로운 직업들이 생겨나고 기존과는 다른 역량을 발휘하는 사람들의 수요가 많아질 것이다. 이런 시대엔 누차 강조했던 창의적 사고, 다양한 문제해결력, 수학적 사고 등이 키워진 아이가 당차게 세상에 맞설 수 있게 된다. 부모의 직업, 경제력, 학벌이 자녀에게 대물림 되는 확률이 높다는 연구결과를 부인할 수 없다. 실제로도 주위에서 흔하게 볼 수 있기 때문이다. 그런 씁쓸하게 만드는 부모의 환경이 배경이 되는것 말고 우리는 우리가 할 수 있는걸 찾아야 한다. 고기를 잡는 법을 가르쳐줘야 한다. 부모의 환경, 시대적 환경에 굴하지 않고 취향에 맞는 맛있는 고기를 낚을 만한 방법을 알려줘야 한다. 그 방법이 베다수학을 공부하는 것이다. 베다수학을 공부하는 동안 스스로 느끼게 되는 우월감, 자신감 등이 용이 되어날 수 있는 발판을 마련해 준다. 적어도 스스로의 상태를 인지하고 발전시킬 수 있는 생각할 수 있는 힘이 생긴다. 부모로서 모든걸 다해 줄수는 없다. 하지만 해줄 수 있는건 해주는게 좋지 않겠는가? 더군다나 베다수학 학습의 기회를 주는 것처럼 해주는게 어렵지도 않은 일이라면 해줄만 하지 않을까?

7

전국민 베다수학 배우기 프로젝트

"오늘의 핫 뉴스를 소개하는 시간입니다. 세계적 IT 기업인 구글의 CEO 자리에 한국인이 선택되었습니다. 이 결과는 만장일치로 결정되었으며 CEO 자리에 오르기까지 남다른 아이디어를 의견을 내놓는 등 뛰어난 창의력을 보여왔습니다. 그는 어렸을 때부터 수학을 좋아했으며 암기위주의 한국식 교육을 지양하고 하나하나 알아가는데 의의를 두고 공부에 임했다고 합니다. 시험 점수를 이유로 질타나 공부하라는 잔소리를 하지 않았던 부모님께 큰 영광을 표했으며 본인의 속도대로 지켜봐준데에 깊은 감사를 드린다고 했습니다. 애플, 마이크로소프트 등 굴지의 기업의 CEO 후보에도 한국인이 선정되었다고 하니 지켜보는 즐거움이 있을 것 같습니다."

"여기저기서 베다수학을 공부하려는 열기를 느낄 수 있습니다. 한 초등학생은 자신의 삶이 베다수학을 알기전후로 나뉜다며 수학이 이렇게 즐거운 것인지 처음 알았다고 합니다. 친구들 사이에서도 베다수학전도사로 칭찬이 자자합니다. 자기가 이해한 베다수학의 풀이법을 친구들에게 알려주며 아는 것을 나누는데 앞장서고 있습니다. 수학에 대한 자신감이 생기니 다른 과목에도 그대로 열정이 이어진다고 합니다. 모든 친구들이 자신처럼 수학의 즐거움을 느끼길 바란다며 인터뷰를 마쳤습니다."

듣기만 해도 기분 좋은 기자의 말이다. 향후 보고 싶은 상상 속의 뉴스인데 정말 이루어 졌으면 좋겠다. 한국인이 구글이나 마이크로소프트와 같은 세계적 기업의 CEO가 되고 학생들이 수학이 즐겁다고 말하는 뉴스는 몇 번을 들어도 좋을것 같다. 그러나 현 시대의 눈으로 바라본 세계적 기업의 CEO가 되는 상상은 뭔가 현실성이 없어 보인다. 나도 한국인이라 세계적으로 이름을 떨치는 한국인을 보면 괜히 자랑스럽고 뿌듯 해지는데 구글의 CEO 자리에 한국인이 오른다는 생각을 하니 너무 터무니 없어 보이기도 한다. 아마 이런 생각을 하는 사람이 나뿐일까 싶다. 그토록 원하지만 한국의 교육체계를 생각하면 대부분 한숨짓지 않을까. IT업종에서는 특히 창의성이 두드러져야 성공할 확률이 높아지는데 주변에서 창의적이라고 생각되는 사람들을 몇 보지 못했던것 같다. 페이스북, 트위터, 유튜브, 구글 등 남들과 다른 생각을 할 줄 알아야 사람들에게 어필이 될 기업이 탄생할텐데 아직까지 한국에서 그런 기업이 보이지 않는것을 보면 주입식 교육의 폐해가 그대로 현실에 반영되었다고 볼 수 있다. 이런 현실을 마주하다 보니 이미 그런 교육을 받으며 자란 나는 그렇다쳐도 자녀만은 그렇게 키우지 않아야 겠다는 생각을 하게 된다. 높은 성적을 목표로 사는것 말고 적어도 남들과 다른 생각을 할 줄 아는 아이로 키우고 싶다. 더불어 한국의 많은 아이들이 주입식 교육에 찌들어 살지 않고 다양한 아이디어들을 마음껏 표출하며 살아도 되는 사회를 만들고 싶다. 그런 생각들이 미처 이렇게 베다수학을 알리고 공부하기를 바라는 마음으로 이끌어 진 것 같다. 일론머스크가 본인이 꿈꾸는 미래를 그려나가며 자녀들을 마음껏 상상할 수 있게 교육시키는 것처럼 우리도 자녀들을 천편일률적인 교육에서 구해내야 한다. First Principle Thinking을 통해 문제해결력을 신장할 수 있게 끊임없이 환경을 만들어줘야 한다. 부모인 우리가 조금만 다른 눈으로 세상을 보려는 노력을 하면 자녀들은 꼭 그렇게 자라날 수 있다.

요즘 주위를 둘러보면 수학을 공부하려는 사람들의 열풍이 거세다. 미루어보건데 4차산업혁명 시대에 살아남고자 대비하려는 것 같지는 않고 포스트코로나 시대에 새로 생겨난 흐름 중 하나인것 같다. 여기저기서 불확실함이 마음 속을 휘젓고 공정하지 못한 일들을 겪으면서 수학을 통해 마음의 위안을 얻고자 하는 사람들이 많아졌다. 성인을 가르쳐 본 건 편입하려는 대학생이 마지막 였는데 요새는 책을 통해 성인들에게 다가가고 싶다는 생각을 하게 됐다. 회사일, 가정일을 잠시나마 잊고 수학 문제를 풀며 힐링이 되는 시간을 만들어 주고 싶다는 생각이 들었다. 어쩌면 다음 책이 될 수 있을지도 모르겠다. 무슨 수학문제를 풀면서 힐링이 되냐고 묻는 사람도 있을텐데 학교 다닐때 공부했던 수학과 성인이 되어 접하는 수학은 느낌이 또 다르다. 'a, b, c는 실수이고 a가 0이 아닐 때 이차방정식에서 $ax^2+bx+c=0$의 해를 구하는 방법은?' 이라고 물으면 인수분해를 해서 근을 구하거나 근의공식을 사용하는 방법등을 얘기할 수 있다. 전에는 외우기만 한 사람들이 많을텐데 왜 그렇게 푸는지 증명하는 방법을 알고나면 더 흥미로울 수 있다. 학창시절 때 어느정도 공부를 하고 난 뒤라 새로이 공부하는 느낌은 또 색다를 것이다. 어렸을 때는 마냥 싫었던 수학문제의 답을 구하는 과정에서도 어느새 잡념없이 집중하는 자신을 발견하게 된다. 수포자였던 사람이 부모가 되면 본인의 과거와는 다르게 자녀를 키우고 싶은 마음이 절로 생긴다. 그래서 학창시절보다 더 열심히 수학공부를 하는 부모들도 많이 봤다. 자녀에게 자기가 배웠던 것처럼 '이건 이런 거니까 외워!' 라고 할 수는 없지 않겠는가? 여러모로 수학의 인기가 높아지고 있는걸 체감하게 된다.

열에 아홉은 아니 백에 구십오명은 베다수학을 모르지 않을까 싶다. 이 책을 읽으면서 베다수학이 이런 도움을 주는구나 하며 관심이 생길 텐데 몰랐다면 본인이 공부해서 가르쳐주든 공부할 수 있게 환경을 만들어 주든 자녀에게 꼭 알려주길 바란다. 이미 기존의 정규수업 에서 배운 수학도 알려주고 베다수학을 접목시키면서 자녀가 다른 방식으로 생각하는 태도를 길러주었으면 좋겠다. 온 가족이 함께 베다수학을 공부하는 상상이 즐겁기만 하다. 하나의 개념을 공부하고 서로 누가 빨리 푸나 대결도 해보면서 수학에 대한 흥미를 느끼게 해도 좋을 것 같다. 자녀들의 통통 튀는 사고를 내가 배울 수 도 있다. 베다수학은 충분히 남녀노소 함께 즐길 수 있다. 격자곱셈법, 손가락곱셈법, 보자마자 답이 나오는 풀이법 등 눈이 휘둥그레 지는 방법들을 배울 수 있다. 흥미를 못 느끼는 아이에게는 어떤 학습법이 맞는지 고민을 많이 하게 되는데 베다수학처럼 답이 쉽게 구해지는걸 느끼면 자연스럽게 흥미가 생긴다. 초등학교 2학년 때 처음 구구단을 접했는데 왜 2×3=6인지 4×5=20인지 알지 못했다. 2단부터 9단까지 노래처럼 흥얼거리며 외웠지 곱셈의 원리를 배우지 못했다. 아마도 호기심 많고 왜?라고 잘 묻는 자녀를 둔 부모라면 구구단을 외우게 하는 행위가 어려울 수도 있다. 이해를 중시하는 아이한테는 구구단을 외우게 하는게 아니라 이해하게 만들어 줘야 한다. 그렇지 않은 아이들도 사실은 구구단을 외우라고 시키지 않고 원리를 깨우치게 도와야 한다. 초등학교 저학년, 처음 곱셈을 배우기 시작하는 시기에 암기부터 가르치면 얼마나 수학이 재미없다고 느껴질까? 수학은 외우는거구나란 생각이 들면 수학은 재미없는 과목이고 다양한 유형을 외우지 못하면 쉽게 포기해야 하는 과목이 된다. 수능에서 계속해서 새로운 유형의 문제가 나오고 그 문제들을 맞추는지 여부에 따라 대학이 바뀐다. 대부분의 암기식 공부는 새로운 유형에 취약할 수 밖에 없다. 평소에 공부할 때 모르는 문제가 생기면 '내가 이 문제에서 알아야 하는 개념이 뭐지?'란 생각부터 하도록 습관을 만들어야 한다. 문제에 필요한 개념을 아는지 모르는지 파악하는 메타인지적 사고를 키워야 한다. 아는것을 반복하며 자아도취에 빠지지 말고 끊임없이 스스로 모르는 것을 아는것으로 채워나가려는 다소 힘들 수 있는 과정을 거쳐야 한다. 그런 태도를 기르는 것이 이 시대를 살아가는 힘이 된다.

창의적 사고는 기초가 튼튼할 때 비로소 커지게 된다. 기초 없이 창의적 사고를 하는것 자체가 힘들기도 하지만 가능하다 하더라도 잡기술을 펼치는 것에 불과하다. 끊임없이 알고자 하는 개념의 기초가 무엇인지 파고들수록 응용력이 생기고 창의적 사고가 자란다. 수학을 공부할 때는 사칙연산이 기초고 그 기초를 가장 튼튼하게 해주는 역할을 베다수학이 한다. 가능하다면 초등학생 때부터 베다수학을 통해 기초를 잘 다지게 해주는것이 좋다. 이 기초를 토대로 추후 수학을 잘하게 되고 취업인적성, 고시 등에서 빛을 발하게 된다. 얼마만큼의 가치를 부여하고 소중히 여기는지에 따라서 그 값이 매겨지는 것이 바로 베다수학이다. 좋은게 있는데 경험하지 않고 느껴보지 않는 것만큼 안타까운 게 없다. 특히 나 뿐아니라 자녀를 위해서라면 강한 힘이 될 절대반지와 같은 절대수학! 베다수학은 망설일 필요가 없다.

핵심만 모은
베다수학 특별과외

부록

10에 가까운 수의 곱

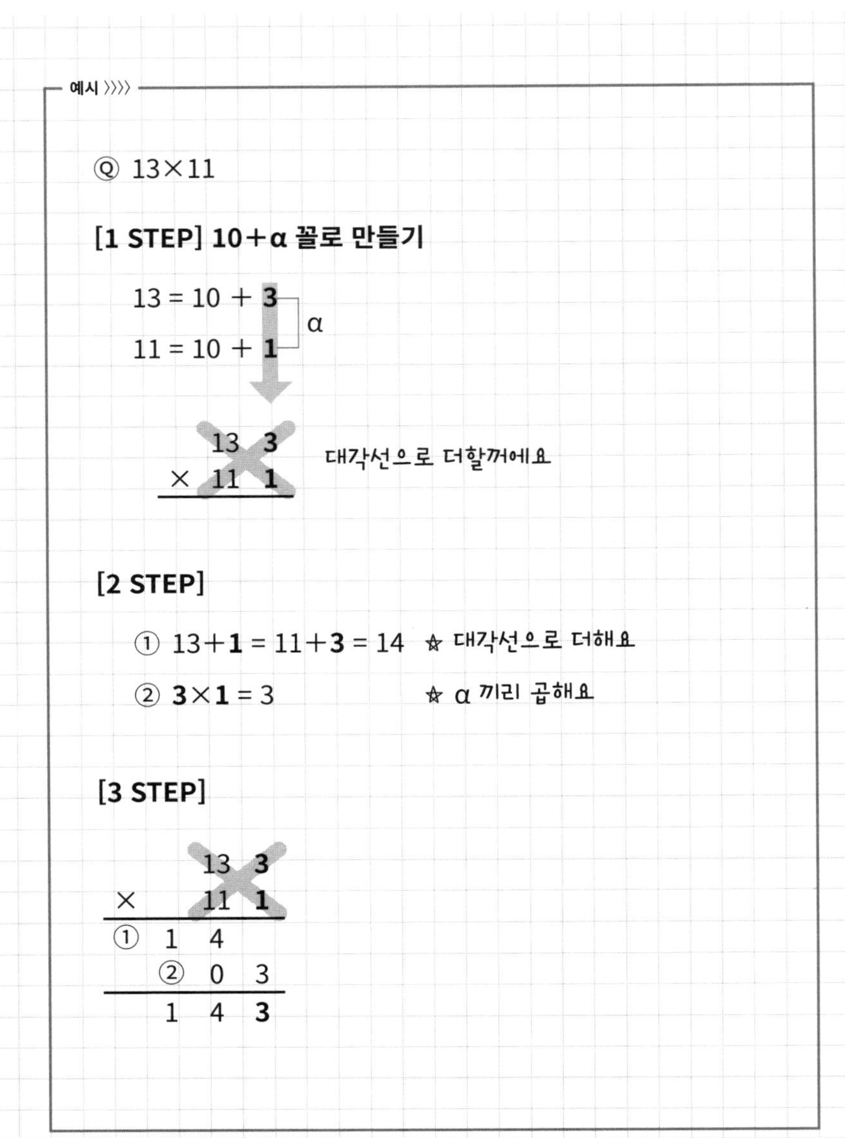

예시 〉〉〉〉
Ⓠ 13×11
[1 STEP] 10+α 꼴로 만들기
13 = 10 + 3
11 = 10 + 1
α
13 3
× 11 1
대각선으로 더할꺼에요
[2 STEP]
① 13+1 = 11+3 = 14 ☆ 대각선으로 더해요
② 3×1 = 3 ☆ α 끼리 곱해요
[3 STEP]
13 3
× 11 1
① 1 4
② 0 3
1 4 3

연습 01

$$\begin{array}{r} 12 \\ \times\ 12 \\ \hline \end{array}$$

➡ = 10+**2** = 12
= 10+**2** = 12

$$\begin{array}{rrrr} & & 12 & \mathbf{2} \\ \times & & 12 & \mathbf{2} \\ \hline ① & 1 & 4 & \\ & ② & 0 & 4 \\ \hline & 1 & 4 & 4 \end{array}$$

① 12+**2** = 14

② **2**×**2** = 4

연습 02

$$\begin{array}{r} 14 \\ \times\ 15 \\ \hline \end{array}$$

➡ = 10+**4** = 14
= 10+**5** = 15

$$\begin{array}{rrrr} & & 14 & \mathbf{4} \\ \times & & 15 & \mathbf{5} \\ \hline ① & 1 & 9 & \\ & ② & 2 & 0 \\ \hline & 2 & 1 & 0 \end{array}$$

① 14+**5**

= 15+**4** = 19

② **4**×**5** = 20

100에 가까운 수의 곱

예시 〉〉〉〉

Ⓠ 89×97

[1 STEP]

$89 + \mathbf{11}$

$97 + \mathbf{3}$

100과의 차이를 찾아서 곱해요

① $\mathbf{11} \times \mathbf{3} = 33$

[2 STEP]

$$\begin{array}{rrr} & 89 & \mathbf{11} \\ \times & 97 & \mathbf{3} \\ \hline \end{array}$$

대각선의 차를 구해요

② $89 - \mathbf{3} = 97 - \mathbf{11} = 86$

[3 STEP]

$$\begin{array}{rrrr} & & 8 & 9 \\ \times & & 9 & 7 \\ \hline 8 & 6 & 3 & 3 \end{array}$$

86 → ①, 33 → ②

$$\begin{array}{r} 86 \\ \times\ 95 \\ \hline \end{array}$$

① 86＋**14**, 95＋**5** ➡ **14**×**5** = 70

② 86－**5** = 95－**14** = 81

③ 답 = 8170

연습 02

$$\begin{array}{r} 88 \\ \times\ 94 \\ \hline \end{array}$$

① 88＋**12**, 94＋**6** ➡ **12**×**6** = 72

② 88－**6** = 94－**12** = 82

③ 답 = 8272

100에 가까운 수의 곱 (100이 넘는 숫자의 곱)

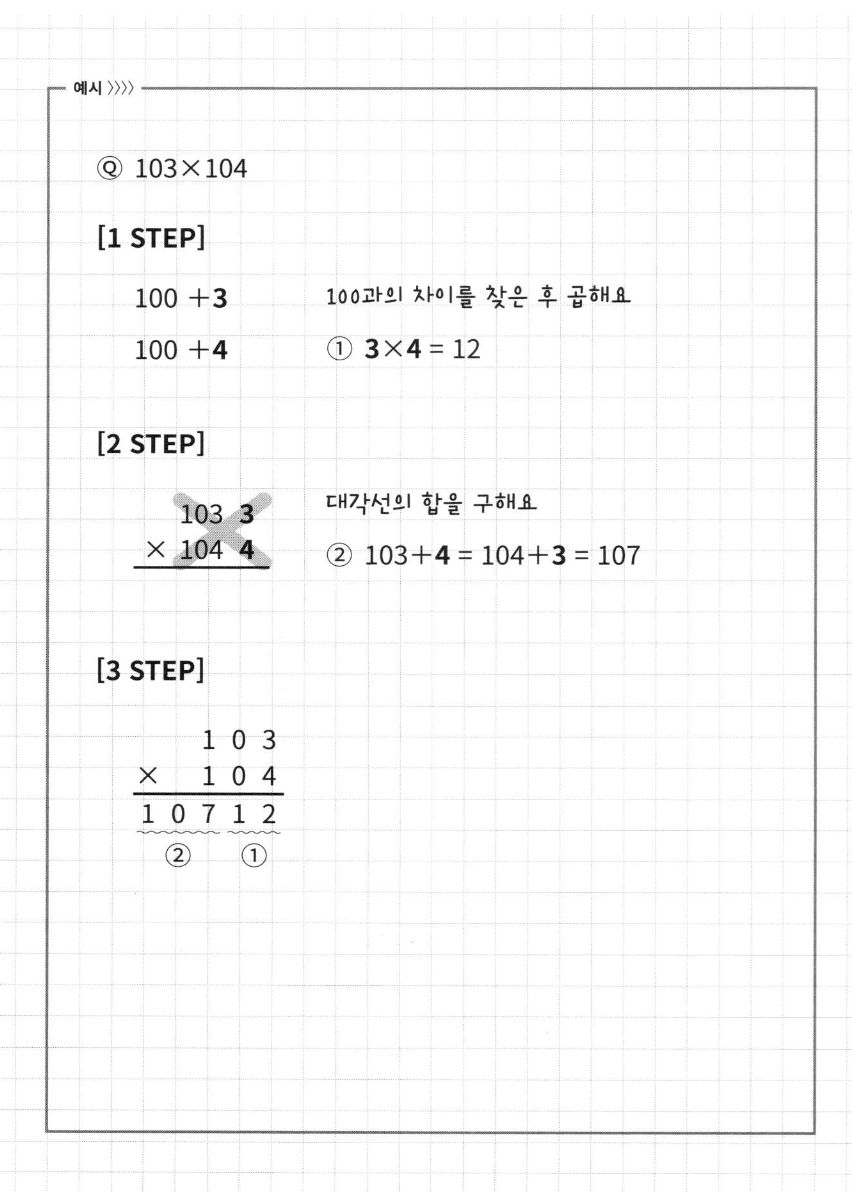

연습 01 $105 \times 107 = ?$

① $100 + \mathbf{5}$

$100 + \mathbf{7}$ ➡ $\mathbf{5} \times \mathbf{7} = 35$

②

$$\begin{array}{r} 105 \ \ \mathbf{5} \\ \times\ 107 \ \ \mathbf{7} \\ \hline \end{array}$$

➡ $105 + \mathbf{7} = 107 + \mathbf{5} = 112$

③ 답 = 11235

106×104 = ?

① $100 + \mathbf{6}$

$100 + \mathbf{4}$ ➡ $\mathbf{6} \times \mathbf{4} = 24$

②

$$\begin{array}{r} 106 \ \ \mathbf{6} \\ \times\ 104 \ \ \mathbf{4} \\ \hline \end{array}$$

➡ $106 + \mathbf{4} = 104 + \mathbf{6} = 110$

③ 답 = 11024

11과의 곱

예시 〉〉〉〉

Ⓠ 51×11

$$\begin{array}{r} 5\ 1\ \mathbf{0} \\ +\quad 5\ 1 \\ \hline 5\ 6\ 1 \end{array}$$

앞의 숫자에 0을 붙여서 더해요

연습 01 71×11 = ?

$$\begin{array}{r} 7\ 1\ \mathbf{0} \\ +\quad 7\ 1 \\ \hline 7\ 8\ 1 \end{array}$$

연습 02 82×11 = ?

$$\begin{array}{r} 8\ 2\ \mathbf{0} \\ +\quad 8\ 2 \\ \hline 9\ 0\ 2 \end{array}$$

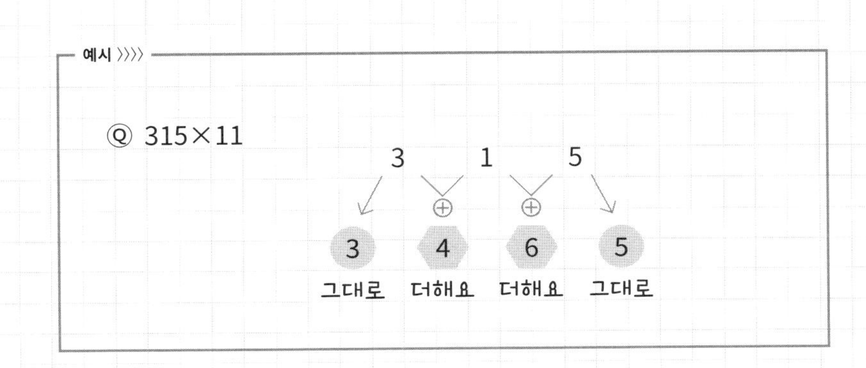

634×11 = ?

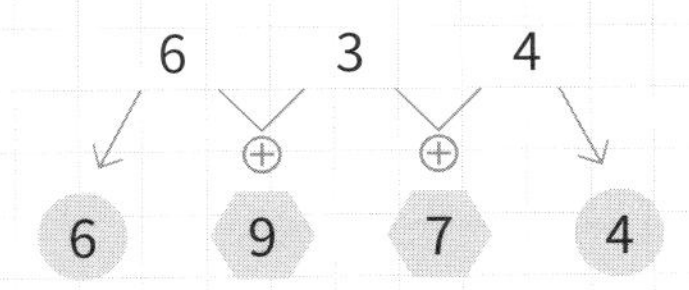

708×11 = ?

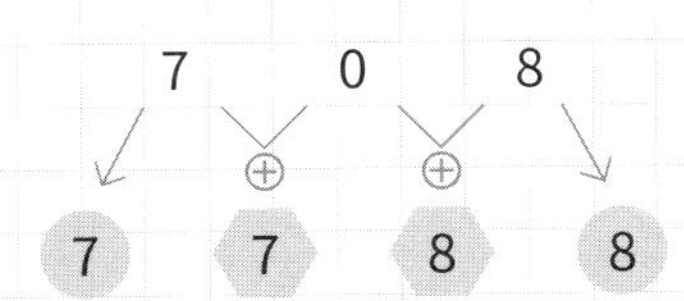

1의 자리의 합이 10이고 첫번째 숫자가 같은 두 수의 곱

예시 〉〉〉〉

Ⓠ 68×62

[1 STEP]

$6 \times (6+\mathbf{1}) = 42$ 첫번째 숫자와 1더한수를 곱해요

[2 STEP]

$8 \times 2 = 16$ 1의 자리수를 곱해요

[3 STEP]

답 = 4216

$57 \times 53 = ?$

① $5 \times (5+\mathbf{1}) = 30$

② $7 \times 3 = 21$

③ 답 = 3021

$93 \times 97 = ?$

① $9 \times (9+\mathbf{1}) = 90$

② $3 \times 7 = 21$

③ 답 = 9021

$102 \times 108 = ?$

① $10 \times (10+\mathbf{1}) = 110$

② $2 \times 8 = 16$

③ 답 = 11016

$27 \times 23 = ?$

① $2 \times (2+\mathbf{1}) = 6$

② $7 \times 3 = 21$

③ 답 = 621

십의자리 숫자의 합이 10이고 일의자리 숫자가 같은 두 수의 곱

예시 〉〉〉〉

Ⓠ 27×87

[1 STEP]

$2 \times 8 + \mathbf{7} = 23$ 십의 자리수의 곱에 일의 자리수를 더해요

[2 STEP]

$7 \times 7 = 49$ 일의 자리수를 곱해요

[3 STEP]

답 = 2349

$74 \times 34 = ?$

① $7 \times 3 + \mathbf{4} = 25$

② $4 \times 4 = 16$

③ 답 = 2516

$67 \times 47 = ?$

① $6 \times 4 + \mathbf{7} = 31$

② $7 \times 7 = 49$

③ 답 = 3149

$88 \times 28 = ?$

① $8 \times 2 + \mathbf{8} = 24$

② $8 \times 8 = 64$

③ 답 = 2464

$93 \times 13 = ?$

① $9 \times 1 + \mathbf{3} = 12$

② $3 \times 3 = 9$

③ 답 = 1209

두자리 숫자의 곱

예시 〉〉〉〉

Ⓠ
$$\begin{array}{r} 3\ 2 \\ \times\ 2\ 1 \\ \hline \end{array}$$

[1 STEP]

3×**2** = 6　　십의 자리수끼리 곱해요

[2 STEP]

$$\begin{array}{r} 3\ \ 2 \\ \times\ 2\ \ 1 \\ \hline \end{array}$$

대각선끼리 곱한 뒤 더해요

$3\times1+2\times2=7$

[3 STEP]

2×1 = 2　　일의 자리수끼리 곱해요

답 = 672

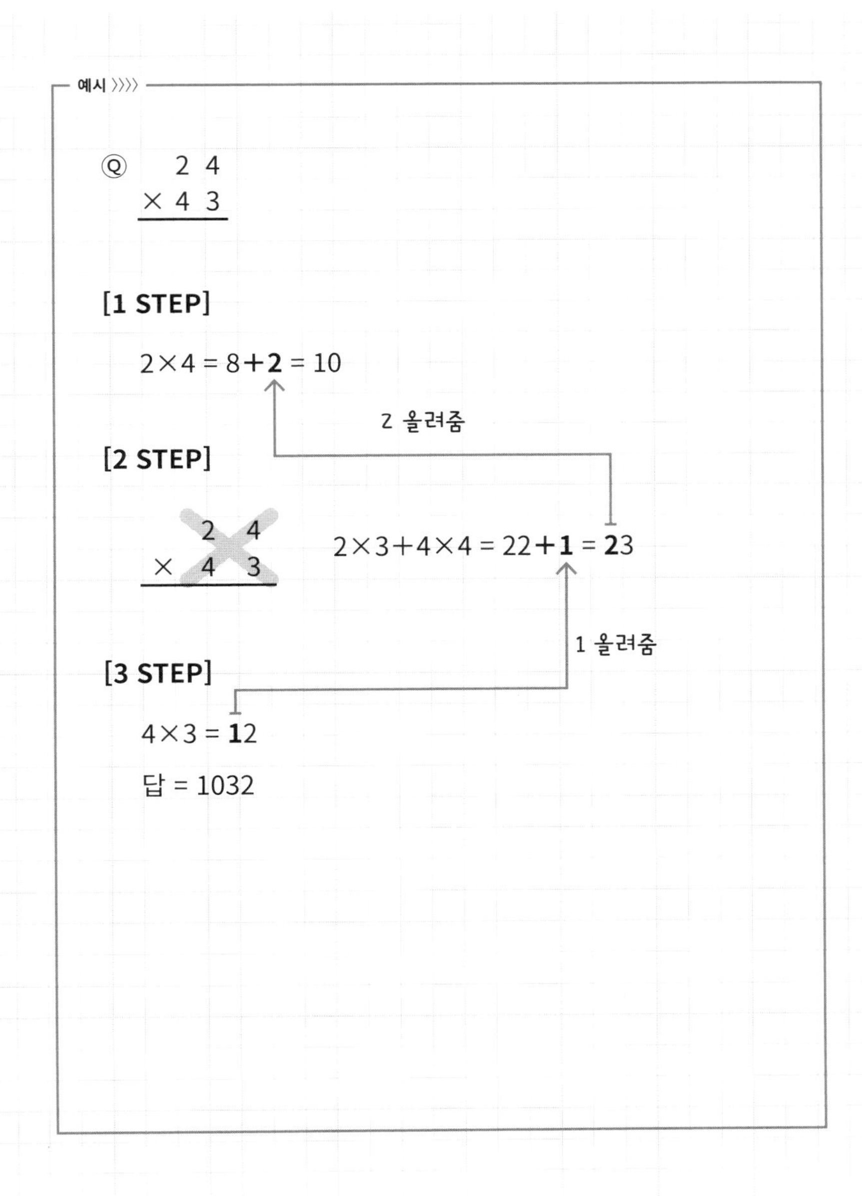
예시 〉〉〉〉
Ⓠ 2 4
× 4 3
[1 STEP]
2×4 = 8+2 = 10
2 올려줌
[2 STEP]
2 4
× 4 3
2×3+4×4 = 22+1 = 23
1 올려줌
[3 STEP]
4×3 = 12
답 = 1032

$$\begin{array}{r} 26 \\ \times\ 43 \\ \hline \end{array}$$

① 2×4 ⇒ 8+**3** = 11

② 2×3+4×6 ⇒ 30+**1** = **3**1

③ 6×3 = **1**8

답 = 1118

$$\begin{array}{r} 38 \\ \times\ 52 \\ \hline \end{array}$$

① 3×5 ⇒ 15+**4** = 19

② 3×2+5×8 ⇒ 46+**1** = **4**7

③ 8×2 = **1**6

답 = 1976

세자리 숫자의 곱

예시 〉〉〉〉

Ⓠ

```
   3 1 2
 × 1 2 3
```

[1 STEP]

```
        3  1  2
 ×      1  2  3
 ----------------
 3  7
```

$3 \times 1 = 3$

[2 STEP]

```
        3  1  2
 ×      1  2  3
 ----------------
 3  7
```

$3 \times 2 + 1 \times 1 = 7$

[3 STEP]

```
        3  1  2
 ×      1  2  3
 ----------------
 3  8  3
```

$3 \times 3 + 1 \times 2 + 2 \times 1 = \mathbf{1}3$

1 올려줌

$7 + \mathbf{1} = 8$

세자리 숫자의 곱

예시 〉〉〉〉

[4 STEP]

```
        3   1   2
×       1   2   3
-----------------
3   8   3   7
```

$1 \times 3 + 2 \times 2 = 7$

[5 STEP]

```
        3   1   2
×       1   2   3
-----------------
3   8   3   7   6
```

$2 \times 3 = 6$

연습

$$\begin{array}{r} 234 \\ \times\ 322 \\ \hline \end{array}$$

①

$$\begin{array}{rrrr} & 2 & 3 & 4 \\ \times & 3 & 2 & 2 \\ \hline 6 & & & \end{array}$$

$2\times3 = 6$

②

$$\begin{array}{rrrr} & 2 & 3 & 4 \\ \times & 3 & 2 & 2 \\ \hline 7 & 3 & & \end{array}$$

$2\times2+3\times3 = \mathbf{1}3$

1 올려줌

$6+\mathbf{1} = 7$

③

$$\begin{array}{rrrr} & 2 & 3 & 4 \\ \times & 3 & 2 & 2 \\ \hline 7 & 5 & 2 & \end{array}$$

$2\times2+3\times2+4\times3 = \mathbf{2}2$

2 올려줌

$73+\mathbf{2} = 75$

④

$$\begin{array}{rrrr} & 2 & 3 & 4 \\ \times & 3 & 2 & 2 \\ \hline 7 & 5 & 3 & 4 \end{array}$$

$3\times2+4\times2 = \mathbf{1}4$

1 올려줌

$752+\mathbf{1} = 753$

⑤

$$\begin{array}{rrrrr} & & 2 & 3 & 4 \\ \times & & 3 & 2 & 2 \\ \hline 7 & 5 & 3 & 4 & 8 \end{array}$$

$4\times2 = 8$

10, 100을 활용한 덧셈

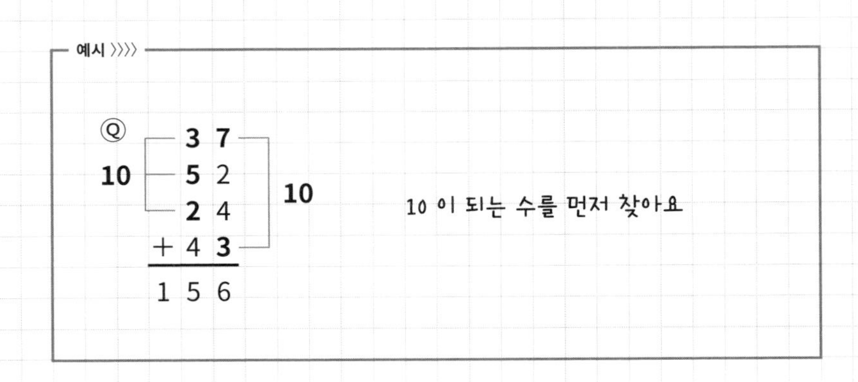

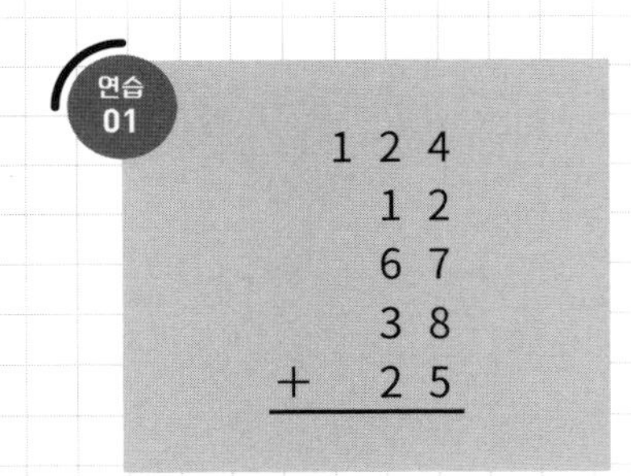

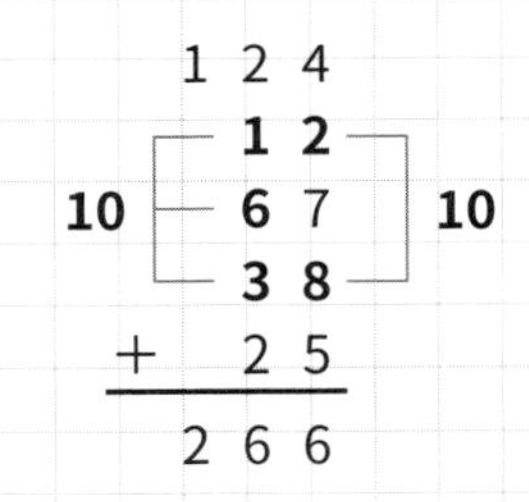

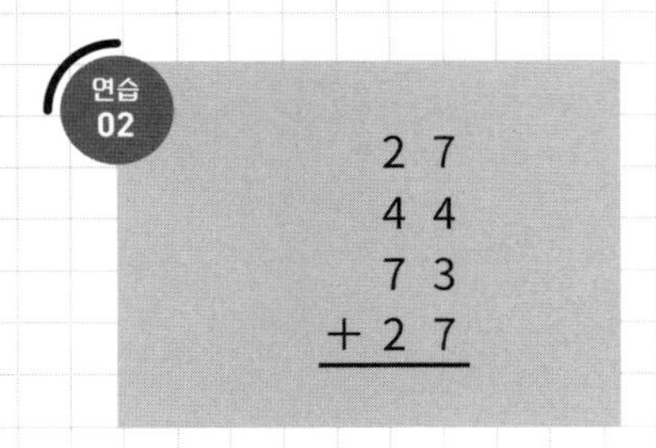

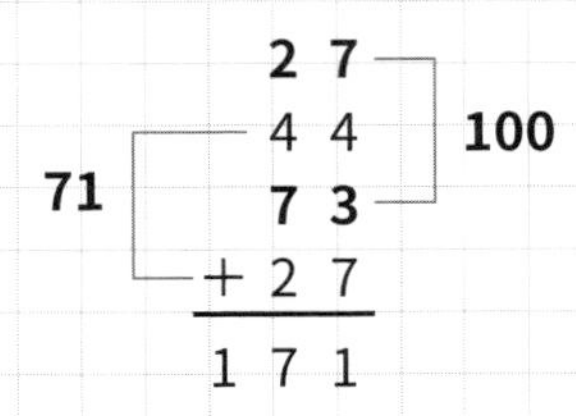

두자리수 덧셈

예시 〉〉〉〉

Ⓠ $76+47$

$= (76+\mathbf{4})+(47-\mathbf{4})$

$= 80+43$

$= 123$

같은 수
더하고 빼는 방법으로
쉽게 계산

연습 01 $73+88$

$= (73+\mathbf{7})+(88-\mathbf{7})$

$= 80+81$

$= 161$

연습 02 $36+57$

$= (36+\mathbf{4})+(57-\mathbf{4})$

$= 40+53$

$= 93$

$84+48$

$= (84+\mathbf{6})+(48-\mathbf{6})$

$= 90+42$

$= 132$

두자리수 뺄셈

예시 〉〉〉〉

Ⓠ 75－46

$= 75+\mathbf{4}-(46+\mathbf{4})$

$= 79-50$

$= 29$

숫자를 더해
쉬운 수를 만들어서
빼줘요

연습 01 35－18

$= 35+\mathbf{2}-(18+\mathbf{2})$ → 20

$= 37-20$

$= 17$

연습 02 56－37

$= 56+\mathbf{3}-(37+\mathbf{3})$ → 40

$= 59-40$

$= 19$

연습 03 87－48

$= (87+\mathbf{2})+(48+\mathbf{2})$ → 50

$= 89-50$

$= 49$

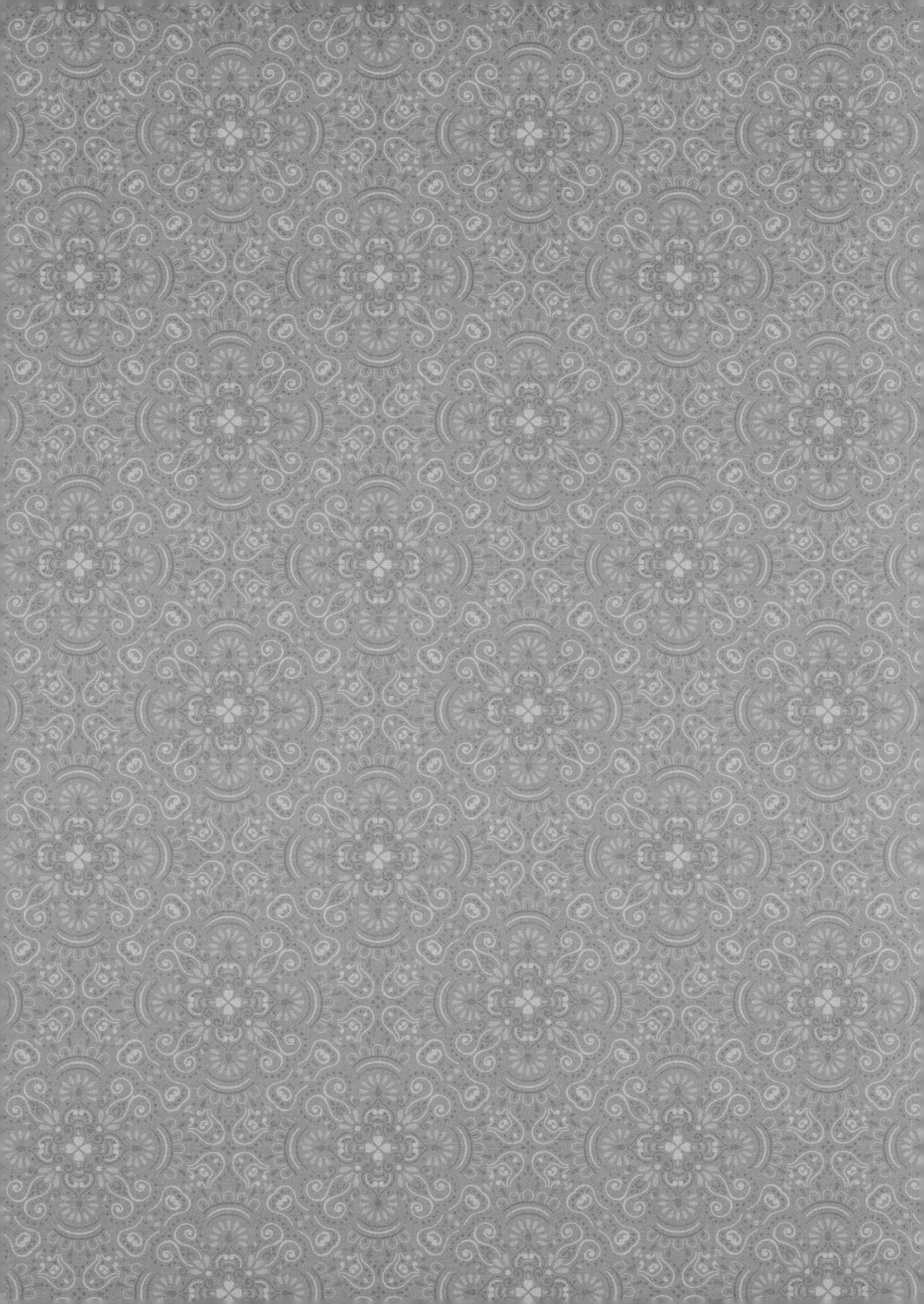